特种养殖致富快车

图说河蟹养殖关键技术

占家智　羊　茜　姚继明　编著

河南科学技术出版社
·郑州·

图书在版编目（CIP）数据

图说河蟹养殖关键技术 / 占家智, 羊茜, 姚继明编著. —郑州：河南科学技术出版社，2020.10

（特种养殖致富快车）

ISBN 978-7-5725-0138-8

Ⅰ. ①图… Ⅱ. ①占… ②羊… ③姚… Ⅲ. ①养蟹－淡水养殖－图集 Ⅳ. ①S966.16-64

中国版本图书馆CIP数据核字（2020）第157031号

出版发行：河南科学技术出版社

地址：郑州市郑东新区祥盛街27号　　邮编：450016

电话：（0371）65737028　65788613

网址：www.hnstp.cn

责任编辑：申卫娟

责任校对：崔春娟

装帧设计：张德琛　杨红科

责任印制：张艳芳

印　　刷：河南博雅彩印有限公司

经　　销：全国新华书店

开　　本：890 mm×1 240 mm　1/32　印张：6.5　字数：193千字

版　　次：2020年10月第1版　2020年10月第1次印刷

定　　价：39.80元

如发现印、装质量问题，影响阅读，请与出版社联系并调换。

前言

"一蟹上席百味淡"，说明了河蟹的味道鲜美和受人们欢迎的程度。作为我国著名的优质水产品，河蟹以它丰富的营养、特有的鲜美味道深受食客的欢迎。它不仅在国内享有盛誉，而且蜚声海外，是我国出口创汇的重要水产品之一。

河蟹是人们特别喜爱的水产品，目前已经成为全国重要的水产养殖品种。随着自然资源的日益减少，河蟹的人工养殖前景广阔。笔者常年受邀奔波在全国各主要河蟹养殖区，尤其是近两年足迹几乎遍布安徽、江苏、湖南等地的河蟹主养区。在为养殖户进行技术服务的同时，将工作中遇到的一些问题进行归纳、总结、提炼、升华后，形成了这本《图说河蟹养殖关键技术》。本书详细介绍了河蟹的形态特征、河蟹的生态习性与养殖的关系、河蟹的繁育、河蟹的苗种培育、池塘精养河蟹、稻田养蟹、湖泊网围养蟹、立体养殖河蟹、水草与栽培、河蟹的病害防治等，还兼顾了河蟹饲料的供应，对河蟹的运输也做了一定的介绍。由于河蟹是在淡水中生长，在咸水中繁殖，因此人工繁殖河蟹需要特别的水质资源和相应的技术，对于广大养殖户来说，这是不容易实现的，因此本书对河蟹的繁殖育苗技术没有做深入介绍。

本书内容新颖，技术全面，养殖方案实用有效，可操作性强，适合全国各地河蟹养殖区的养殖户参考，对水产技术人员也有一定的参考价值。由于编者水平所限，书中可能会有不妥之处，恳请读者批评指正。

占家智

2019 年 12 月

目录

第一章　概　述

　　河蟹是我国特产，学名中华绒螯蟹（Eriocheir Sinensis），俗称毛蟹、螃蟹、大闸蟹、胜芳蟹。又根据其行为特征与身体结构而称其为"横行将军"或"无肠公子"。河蟹隶属于节肢动物门、甲壳纲、软甲亚纲、十足目、爬行亚目、短尾部、方蟹科、绒螯蟹属。

第一节　河蟹的形态特征

　　河蟹的体形，俯视近六边形，背面一般呈墨绿色，腹面灰白色。由于长期进化演变的缘故，河蟹的头部与胸部已愈合在一起，合称为头胸部，所以整个身体分为头胸部、腹部和附肢三部分（图1-1）。

图1-1　河蟹的体形

一、头胸部

　　河蟹的头胸部是身体的主要部分，是由头部与胸部愈合在一起而形成的，被两块硬壳包围着，上面为头胸甲，下面为腹甲。

河蟹背上覆盖着一层坚硬的背甲，俗称蟹斗或蟹兜，也称头胸甲。头胸甲是河蟹的外骨骼，具有支撑身体、保护内脏器官、防御敌害等作用。背甲一般呈墨绿色，有时也呈赭黄色，这是河蟹对生活环境颜色的一种适应性调节，也是一种自我保护手段。背甲的表面起伏不平，形成许多区，并与内脏位置相一致，分为胃区、肝区、心区及鳃区等；背甲边缘分为前缘、眼缘、前侧缘、后侧缘和后缘五个部分。前缘正中为额部，有4枚齿突，称为额齿。额齿间的凹陷以中央的一个最深，其底部与后缘中点间的连线最长，可以表示体长。头胸甲额部两侧有1对复眼。

头胸甲的腹面为腹甲所包围，腹甲通常呈灰白色，腹甲也称胸板，四周长有绒毛，中央有一凹陷的腹甲沟。雌、雄河蟹的生殖孔就开口在腹甲上。

二、腹部

河蟹的腹部俗称蟹脐，共分7节，弯向前方，紧贴在头胸部腹面，看腹部的形状是鉴别雌雄成蟹最直观、最显著、最简便的方法。在仔蟹时期，不论雌雄，腹部都为狭长形，但随着个体的生长，雄蟹的腹部仍保持三角形，雌蟹的腹部逐渐变圆，因而人们习惯上把雄蟹称为尖脐或长脐，把雌蟹称为圆脐或团脐。成熟的雌蟹腹部大而圆，周围长满较长的绒毛，覆盖头胸甲的整个腹面；雄蟹的腹部狭长呈三角形，贴附在头胸部腹面的中央。

三、附肢

河蟹属于高等甲壳动物，其身体原为21节，其中头部6节，胸部8节，腹部7节。除头部第1节无附肢外，其他每节都有1对附肢。由于河蟹头胸部已愈合，节数已难以分清，但附肢仍有13对。腹部附肢已大大退化，雌蟹腹部尚有附肢4对，而雄蟹只有2对附肢了。

头部有5对附肢，前2对演变成触角，可感受化学刺激，后3对特化成1对大颚和2对小颚，可用于磨碎食物。

胸部有8对附肢，前3对称为颚足，为口器的组成部分，可抱持食物。其余5对为步足，俗称胸足，最前面1对步足强大有力，称为螯足，呈钳状，分为7节，依次为指节、掌节、腕节、长节、座节、基节和底节。螯足掌部密生绒毛，雄性的螯足比雌性的大，螯足具有捕食、防御、掘穴等功能。后4对步足形状相近，也分为7节，主要用于爬行、游泳、协助掘穴。

腹部附肢已退化，雄蟹仅有2对，特化成交接器，以利抱雌和交配；雌蟹4对，附着在腹部的第2～5节上，各节均生有刚毛，内肢可附着卵粒。

四、复眼

当我们走到池塘边时，远远地就能看到河蟹快速地往池塘里或草丛里爬，可见河蟹对外部刺激很敏感，这是因为它具有高级的视觉器官——复眼。复眼位于额部两侧的1对眼柄的顶端，它并不是简单的两只眼睛，而是由数百个甚至上千个以上的小眼组成，故名复眼。复眼有三个特点：一是构成它的基本单位——单眼较多，因而它们的视力范围较开阔；二是它由眼柄举起，突出于头胸甲前端，因而转动自如，灵活方便，可视范围广；三是它是由2节组成的，眼柄活动范围较大，既可直立，又可横卧，直立时将眼举起，翘视四方，横卧时可借眼眶外侧的绒毛除去眼表面的污物。复眼不仅能感受光线的强弱，还能感觉物体的形象，因此当人们距离河蟹还有一段距离时，河蟹会立即隐藏于水草中或潜入水底。另外，河蟹依靠1对复眼可以在夜晚借微弱的光线寻找食物和躲避敌害，与其昼伏夜出的生活习性相适应。

五、口器

口器是河蟹吃食物的重要器官，位于头胸甲的腹面、腹甲的前端正中，它由6对附肢共同组成，由里向外依次是1对大颚、2对小颚和3对颚足，它们按顺序依次重叠在一起，形成一道道关卡，食物必须通过这6对附肢组成的6道关卡后才能进入食道，其目的是为了提高摄食效率和确保摄入食道里的食物能顺利消化。当河蟹找到食物时，先用螯足夹取食物并送到口器边，再用第2对步足的足尖协助捧住食物并递交给颚足，第3对颚足把食物传递给大颚，大颚再把食物切断或磨碎，同时运用第1、第2对小颚来防止细小食物的散失。附肢上的刚毛对防止食物的散失也有作用。磨碎后的食物经短的食道后被送入胃中。

第二节　　河蟹的生态习性与养殖的关系

一、食性

1.杂食性　河蟹为杂食性动物，荤素均吃，但偏爱动物性饵料，如小鱼、小虾、螺蚬类、蚌肉、蚯蚓、蝇蛆、蚕蛹、蠕虫、水生昆虫及其幼虫和畜禽内脏等。植物性食物有浮萍、芜萍、丝状藻类、苦草、金鱼藻、菹草、马来眼子菜、轮叶黑藻、水浮莲、凤眼莲（水葫芦）、喜旱莲子草（水花生）、南瓜、水蕹菜等；精饲料有豆饼、菜饼、小麦、稻谷、玉米及人工配制的颗粒饲料等。在饵料不足或养殖密度较大的情况下，河蟹会发生自相残杀、弱肉强食的现象，体弱或刚蜕壳的软壳蟹往往成为同类攻击的对象，因此，在人工养殖时，除了投放适宜的养殖密度、投喂充足适口的饵料外，设置隐蔽场所和栽种水草往往成为养殖成败的关键。在天然水体中，特别是草型湖泊中，由于植物性饵料来源易得方便，因此河蟹胃中食物一般以植物性食物为主。

2.贪食性　河蟹的食量很大且贪食。据观察，在夏季的夜晚，一只河蟹一夜可捕捉近10只螺蚌。

3.抢食性　河蟹不仅贪食，而且还有抢食和厮斗的天性。通常在以下四种情况时更易发生：一是在人工养殖条件下，养殖密度大，河蟹为了争夺空间、饵料，不断地发生争食和厮斗，甚至自相残杀；二是在投喂动物性饵料时，由于投喂量不足，导致河蟹为了争食美味可口的食物而互相厮斗；三是在交配产卵季节，几只雄蟹为了争一只雌蟹的交配权而厮斗，直至最强的雄蟹夺得雌蟹为止，这种行为是动物界为了种族繁衍而进行的优胜劣汰，是有积极意义的；四是在食物十分缺乏时，抱卵蟹常取其自身腹部的卵来充饥。

4.耐饥饿性　河蟹能吃，也十分耐饥饿，食物缺乏时，一般7~10天或更久不摄食也不至于饿死，这就为商品河蟹的长途运输尤其是出口国外提供了便利条件。

5.食性的转化　河蟹的食性是不断转化的，在溞状幼体早期，河蟹以浮游植物为主要饵料，而后转变为以浮游动物为主；到了大眼幼体（蟹苗）以后，才逐渐转为杂食性；进入幼蟹期后，则以杂食性偏动物性饵料为主。

6.食物的喜好性　在人工养殖的条件下，河蟹对饲料有明显的选择性，主要表现为以下几点：一是对生饲料的喜爱程度超过熟饲料；二是对掺杂有鱼糜的面粉团要比单纯的面粉团更喜爱；三是对有微咸味的鱼糜团比纯淡味的鱼糜团更喜食；四是在同时投喂小鱼虾等动物性饲料、人工配制的颗粒饲料和植物性天然水草时，它们明显表现出对食物的喜好性，即小鱼虾全部被吃完时，颗粒饲料同时被吃掉65%，而水草则不到10%。它的这种食性告诉我们，在人工养殖时，尤其是在河蟹的大生长期时，一定要尽可能地多投喂鲜活的小鱼虾，注重配合饲料动植物成分的合理配比，并添加一些食盐，而且饲料也不必煮熟，可以直接生投。

7.摄食强度　河蟹的摄食强度与水温有很大关系，当水温在10℃以上时，河蟹摄食旺盛；当水温低于10℃时，河蟹的摄食能力明显下降；当水温进一步下降到3℃时，河蟹的新陈代谢水平较低，几乎不摄食，一般是潜入到洞穴中或水草丛中冬眠。

二、趋光性

河蟹是昼伏夜出的动物，喜欢弱光，畏强光。白天隐藏于洞穴、池底、石隙或草丛中，夜间依靠嗅觉和一对复眼在微弱的光线下寻找食物。因此我们在进行人工养殖时，可将河蟹的投饵重点集中在傍晚，以满足它们在晚上摄食的要求。在捕捞河蟹时，也可充分利用河蟹趋弱光的习性，在夜间采用灯光诱捕，捕获量可大大提高。

三、呼吸特性

1.河蟹的鳃　鳃，俗称鳃胰子，是河蟹的主要呼吸器官，共有6对，位于头胸部两侧的鳃腔内。如果把蟹放在水中，就可以看到有两道水流从口器附近喷流出来，这股水流是靠口器中第2对小颚的外肢在鳃腔中鼓动而造成的，大部分的水是从螯足的基部进入鳃腔的，还有一小部分的水是从最后2对步足的基部进去的。

河蟹依靠鳃的呼吸把氧气从外界运输到血色素中，并把二氧化碳由组织和血液中排出体外。除鳃之外，还有一些辅助结构也是呼吸系统的一部分。河蟹通常用内肢来关闭入水孔，使其在离水时不易失水，起到防止干燥的作用，又因其上肢长，两侧及顶端均着生细毛，当它伸入鳃腔拨动水流时，有清洁鳃腔的作用。

2.河蟹的泡沫 鳃腔里的鳃，藏在头胸甲下面的左右两侧，因着生部位不同，可分为侧鳃、关节鳃、足鳃和肢鳃4种。血液从入鳃孔和出鳃血管流过，把水中的氧气和血液中的二氧化碳通过气体交换，完成呼吸作用。呼吸作用不能停止，氧气的供给不能间断，这是河蟹赖以生存的基本要求。因此当河蟹离开水体后，它需要继续呼吸，这时进入鳃部的不是水而是空气。当空气进入鳃腔时，就与鳃腔贮存的少量水分混喷出来，所喷出来的水分和空气混合就形成许多泡沫，河蟹就是利用这种方式来适应短期陆地生活的。由于不断呼吸，使泡沫愈来愈多，产生的泡沫不断破裂，同时不断增生新的泡沫，这就是我们常听到河蟹发出淅淅沥沥声音的原因。

四、栖息习性

河蟹喜欢栖息在江河、湖泊的泥岸或滩涂上，尤其喜欢生活在水草丰富、溶氧充足、水质清新、饲料丰富的浅水湖泊或沟河中，也栖息于水库、坑塘、稻田中，喜欢在泥岸或滩涂上挖洞藏身，避寒越冬。河蟹栖息的方式有隐居和穴居2种。河蟹通常是白天在洞穴中休息或隐藏在石砾水草丛中或荫蔽处，晚上活动频繁，主要是出来寻觅食物。在饵料丰富、水位稳定、水质良好、水面开阔的湖泊、草荡中，河蟹一般不挖穴，隐伏在水草和水底淤泥中过隐居生活。通常隐居的河蟹新陈代谢较强，生长较快，体色淡，腹部和步足水锈少，素有"青背、白脐、金爪、黄毛"清水蟹之称。另外在人工精养时，河蟹可改变其穴居的特性，由于池内人工栽种的水草及铺设的瓦砾等隐蔽物较多，河蟹一般不会打洞，喜欢栖息于水花生等水草丛中，由此可见，水草及隐蔽物的设置对河蟹的养殖有重要作用。

河蟹从幼蟹阶段起就有穴居的习性，它主要靠一双有力的螯足来掘洞穴居。洞穴一般呈管状，多数一端与外界相通，底端向下弯曲，洞口常在水面以下。由于穴居的河蟹新陈代谢较弱，生长较慢，体色较深，腹部和步足水锈多，素有"乌小蟹"之称。因此在人工养殖时，要尽可能多栽种水草，尽量减少其穴居的数量，因为有不少穴居的幼蟹性情懒惰，蜕壳和生长迟缓，严重影响育成效果及养殖效益。穴居的河蟹平常躲在洞里逃避其他敌害的捕食，冬天在洞中越冬，一个洞穴里，有时聚集着10～20只小蟹，穴居是河蟹长期进化过程中保护自己、适应自然的一种方式。

据实验观察，在养蟹池塘中，9月底前在水温保持22℃以上，且水位较为稳定时很少见河蟹掘洞穴居，成蟹穴居率仅为2%～5%，且雌性个体多于雄性，绝大部分河蟹掩埋于底泥中，露出口器以上的眼和触角。但池塘培育蟹种，在越冬时则发现其喜欢挖洞穴居，在洞穴中防寒取暖，躲避老鼠、水鸟等敌害的袭击。一般在水温降至10℃以下时，河蟹即潜伏于洞穴中越冬。

五、奇特的洄游习性

河蟹的一生有两次洄游，幼体时的溯河洄游和成熟后的降河洄游，两次洄游是天然河蟹生长繁殖的必经过程。河蟹的溯河洄游又叫索饵洄游，是指在江海交汇处繁殖的溞状幼体发育到蟹苗或Ⅰ期幼蟹阶段，由于其对饵料等条件的需求，借助潮汐作用，由河口顺着江河逆流而上，进入湖泊等淡水水体生长育肥的过程。河蟹的降河洄游也称生殖洄游，由于遗传特征的原因，河蟹在淡水中生长育肥6～8个月，完成生长育肥后，每年秋冬之交，成熟蜕壳后的河蟹就要从淡水洄游到江海交汇处的半咸水中，此时它们开始成群结队地离开原栖居场所，沿江河顺流而下，在迁移过程中，性腺逐步发育，在咸淡水中性腺发育成熟，并完成交配、产卵、孵化等繁殖后代的过程。

河蟹生殖洄游在长江流域为9～11月，但高峰期是在寒露到霜降的半个月内。民间俗语说"西风响，蟹脚（爪）痒""西风响，回故乡""西风响，蟹下洋"， 就是说到了秋季，河蟹就一定要进行生殖洄游，它们纷纷从湖泊、河流汇集到江河主流中，成群结队，浩浩荡荡地顺水流向河口爬去，形成一年一度的秋季成蟹蟹汛。在洄游中，蟹体内性腺迅速发育，变化明显，到达河口产卵场时，雌雄蟹的性腺都先后发育成熟，一旦受到海水的刺激，便开始择偶交配。整个交配过程数分钟到1小时即可完成。河蟹生殖洄游的因素很多，其中性腺成熟是一个主要因素，其他如水的温度、水的流动速度、水体盐度变化等外部因素，也是河蟹向沿海江河口洄游的因素。

河蟹交配后约需12小时，即从雌蟹生殖孔产出已受精的卵，大部分黏附在雌蟹的腹肢上。抱卵的雌蟹经过一个冬季后，于第二年晚春、早夏开始孵化受精卵，孵化出溞状幼体后，亲蟹死亡。

六、横向运动习性

河蟹行动迅速，既能在地面快速爬行，又能攀向高处，也能在水中做短暂游泳，但它们的运动方向总是横行的，而且略向前斜，这种特有的运动现象是由河蟹的身体结构所决定的。河蟹的头胸部宽度大于它的长度，步足伸展在身体的左右两边。每个步足的关节只能向下弯曲，爬行的时候，常用一侧步足的足尖抓住地面，再让另一侧步足在地面上直伸起来，推送身体向另一侧移动，所以它必须采取横行的方式；同时河蟹的几对步足长短不等，这决定了它在横向前进时，总是带有一定的倾斜角度，从而形成了这种独特的运动方式。

七、自切与再生

河蟹在整个生命过程中均有自切现象，但再生现象只在幼蟹进行生长蜕壳阶段存在。成熟蜕壳后，河蟹的再生功能基本消失。

河蟹的自卫和攻击能力较强，常常因争食、争栖息地而相互厮斗，当一只或数只附肢被对方咬住、被敌害侵害或者人们的捕捉方法不当时，它能自动切断受损伤的步足而迅速逃生，这种方式称为自切。另外，当河蟹受到强烈刺激或机械损伤，或者是蜕壳过程中胸足受阻蜕不出来时，也会发生丢弃胸足的自切现象。

河蟹的断肢有其固定部位，折断总是在附肢基节与座节之间的关节处，这里有特殊的结构，既可迅速修补断面，防止流血，又利于再生新肢。因此，我们所见的河蟹，有的缺少附肢，有的左右螯足大小悬殊，有的步足特别细小，有的在缺足的地方长出疣状物，这些都是河蟹的自切和再生功能所造成的，是正常的生理特征。河蟹自切后再生的新肢构造与功能都与原来的一样，但整个形体要比原来的肢体小。由于河蟹发育到性成熟时，不再具备再生的功能，因此在起捕上市、出售成蟹时，动作既要轻又要规范，确保附肢特别是大螯的完整，否则会影响商品蟹的经济效益。

八、跳跃式生长

河蟹躯体的增大、形态的改变及断肢的再生都要在蜕皮或蜕壳之后完成，这是因为河蟹属节肢动物，具外骨骼，而外骨骼的容积是固定的。当河蟹在旧的骨骼内生长到一定阶段，其积贮的肌体在旧的外壳内容纳不下时，必须蜕去这个旧外壳才能继续生长。河蟹一生要经过多次蜕壳，这是河蟹生长的一个生物学特征。

河蟹的幼体阶段可分为溞状幼体、大眼幼体（蟹苗）和仔幼蟹三个阶段。溞状幼体经过5次蜕皮即可变成大眼幼体；大眼幼体经过5～10天生长发育，再经1次蜕皮后即变态成第Ⅰ期幼蟹；幼蟹每隔5～7天蜕壳1次，经5～6次蜕壳后则成长为扣蟹，此时它具有成蟹的一切行为特征和外部形态。在生产上将Ⅰ期幼蟹培育成Ⅴ～Ⅵ期幼蟹的过程称为仔幼蟹培育。扣蟹还需经数次蜕壳后才能达到性成熟，性成熟后的河蟹不再蜕壳直到产卵死亡。

河蟹的生长受环境条件的影响很大，特别是受饵料、水温和水质等生态因子的制约。对河蟹来说，蜕壳频率和每次蜕壳后的增重量是决定生长速度的关键因素。水域水质、水温条件适宜，饵料丰富，蜕壳次数多，河蟹生长迅速，个体也大。如环境条件不良，河蟹则停止蜕壳，个体也小。

河蟹的生长，从个体来说是表现为跳跃性和间断性的；但从群体角度来说，则是连续性的，河蟹每蜕一次壳，其体重增加30%～50%，体长与体宽也相应增加。河蟹的蜕壳频率和蜕壳后的增重又受生态环境的影响较大，如在自然环境中，蜕壳周期为15天左右，蜕壳后体重增加30%～48%；而在池塘养殖条件下，5～9月只蜕壳2～3次，蜕壳后体重增加22.4%～40.2%，平均增加33.2%；饲养在水族箱中的河蟹，蜕壳周期为32天，蜕壳后体重平均增加32.3%。可见，生活于不同生活环境中的河蟹，蜕壳周期差异较大，但蜕壳后的增重量较为接近，表明蜕壳周期长短（蜕壳频率）对河蟹生长的影响更大些。河蟹的幼体刚蜕皮或幼蟹刚蜕壳后，活动能力很差，身体柔弱无力，极易受到敌害生物甚至其他同类的攻击，而其自身的保护、防御能力极弱。因此在发展人工养殖时，一定要注意保护蜕壳蟹（又称软壳蟹）的安全（图1-2）。

九、感觉和运动

河蟹具有特殊的复眼结构，它的感觉非常灵敏，对外界环境反应迅速。

河蟹的运动能力很强，既能在水中做短暂游泳，又能迅速爬行和攀登高处。突出表现就是它的逃逸能力很强，所以在小水体养殖河蟹时，需要有良好的防逃设备，更重要的是要保持优良的养殖环境和提供优质饵料。

图1-2 河蟹蜕壳后呈跳跃式生长

只要养殖环境的生态条件好，河蟹就不会逃逸。

十、对温度的适应

河蟹是变温动物，体温主要取决于环境水温，通常河蟹的体温略高于周围环境的温度。河蟹对温度的适应能力是比较强的，在1～35℃时，都能生存。水温还影响到河蟹的生长和变态，适温条件下，温度高，河蟹的摄食旺盛，生长和变态迅速加快。水温21℃左右，第Ⅰ期溞状幼体只需4~5天就可变态；水温15℃左右变态十分缓慢。一般水温在10℃时开始明显摄食；10℃以下时摄食能力减弱。河蟹能忍受低温，水温在-1～-2℃条件下抱卵蟹能顺利过冬，蟹卵和亲蟹均不会死亡。冬天河蟹停止摄食，隐藏于洞穴中越冬。河蟹对高温的适应能力相对较差，所以在人工养殖时，一定要做好夏季遮阴工作。它们对低温的适应能力很强，当水温下降至10℃以下时，仍摄食；水温在5℃以下，才基本上不摄食。

河蟹养殖过程中，水温对河蟹蜕壳有一定影响，适温范围内，水温越高，蜕壳次数越多，生长越迅速。而当水温超过28℃时，河蟹的蜕壳和生长就会受到抑制。水温突变，对河蟹生长变态和繁殖都不利，特别是幼体阶段更为明显，常常因温差太大而大批死亡。蟹苗阶段必须控制水温的温差不得超过2～3℃。早期工厂育苗大约4月底出池,此时室外水温很低,室内水温要比室外高7～8℃,如果操作不当,大部分蟹苗移入室外即会死亡,因此生产上需加倍注意。

十一、对盐度的适应

河蟹从大眼幼体开始就迁移到淡水中生活。尤其喜欢在水质清新、水草茂盛、环境安静的湖泊中栖息和生长发育。大眼幼体进入淡水水域后,要求水体的盐度越低越好。秋季当河蟹达到性成熟时,亲蟹要洄游到河口半咸水处交配、产卵和孵化。直至溞状幼体变态为大眼幼体,对盐度都有一定的要求。但不同发育阶段对盐度要求也有所差别,第Ⅰ期溞状幼体盐度要求比以后几期溞状幼体高,一般不能低于7‰;从第Ⅱ期幼体开始对盐度要求就有所下降,一般盐度降至5‰左右也能顺利变态。盐度突变对幼体发育不利,一般盐度差不超过3‰,不然将会引起幼体大批死亡。

高盐度育出的大眼幼体,放入淡水前均要进行逐渐淡水驯化,才能放入淡水中养殖。否则将会造成幼体大批死亡。

十二、对氧气的适应

河蟹用鳃将溶解于水中的氧气和血液中的二氧化碳进行气体交换完成呼吸,水中溶氧在4毫克/升左右时适合河蟹生长。一般江河、湖泊水体里,溶氧十分充足,不会产生缺氧的情况。只有在池塘水体中,由于密度大、水质肥,如果管理不当,常会产生缺氧现象。当水中溶氧低于2毫克/升时,对河蟹的蜕壳生长、变态会起到抑制作用。因此保持水体中含有充足的溶氧,对人工养蟹是十分重要的。现在进行池塘养殖河蟹时,除了大量种植河蟹喜爱的水草外,进行微孔增氧等最新养殖技术也是增氧的主要措施之一,效果非常显著。

十三、河蟹的寿命

不同的地区、不同的水温和不同的盐度环境下,河蟹的寿命是有一点差别的,但总的来说,河蟹的平均寿命约为24个月。生长在沿海的河蟹,有一部分当年就可以达到性成熟,个体重量只有10多克,寿命只有1年,我们通常称之为性早熟蟹。有些远离海边的地方,如新疆博斯腾湖等地,河蟹寿命可达到3～4年,这主要与河蟹生长环境因素有关。因此，河蟹养殖应年年放养幼蟹，才能年年有蟹捕。

第三节　河蟹的生活史

河蟹在淡水中生长，在海水中繁殖，它的一生从胚胎开始要经过溞状幼体、大眼幼体、幼蟹、成蟹等几个发育阶段。通常按河蟹的生长发育先后依次称为溞状幼体、大眼幼体（即蟹苗）、仔蟹（也称豆蟹）、幼蟹（也称稚蟹）、蟹种（也称扣蟹）、黄蟹、绿蟹、抱卵蟹及软壳蟹阶段。其中通常将仔蟹、幼蟹、蟹种合称为幼蟹或仔幼蟹；黄蟹、绿蟹合称为成蟹；抱卵蟹称为亲蟹。

河蟹的生活史是指从精子、卵子结合形成受精卵，经溞状幼体、大眼幼体、幼蟹、成蟹、亲蟹，直至衰老死亡的整个生命过程。

一、溞状幼体期

溞状幼体是胚胎发育后的第一个阶段，它因体形不像成蟹形似水蚤而得名，溞状幼体很小，具有较强的趋光性和溯水性，全长仅有1.5～4.1毫米，不能在淡水中生活，必须在河口附近的半咸水中生活。它的活动方式尚未具备成蟹的"横行"式爬行，而是像水蚤那样依靠附肢的划动和腹部不断屈伸的游泳方式在水表层过着浮游生活。其食性为杂食性，以浮游植物和有机碎屑为主要食物，第Ⅰ期和第Ⅱ期溞状幼体多在水体表层活动，第Ⅲ期和第Ⅳ期溞状幼体逐渐转向底层，第Ⅴ期的溞状幼体开始溯水而上。

二、大眼幼体期

第Ⅴ期溞状幼体蜕皮即变态为大眼幼体。在进行仔幼蟹培育时，就是从淡化后的大眼幼体入手。为什么叫大眼幼体？这是因为其眼柄伸长且常露在眼窝外面，1对复眼相对整个身体来说比较大而明显，因而称为大眼幼体。大眼幼体形状扁平，额缘内凹，额刺、背刺和两侧刺均已消失；胸足5对，后面4对均为步足；腹部狭长，共7节，尾叉消失；腹肢5对，第1～4对为强大的桨状游泳肢，第5对较小，贴在尾节下面称为尾肢。

大眼幼体体长5毫米左右，具有较强的趋光性和溯水性，生产单位常用灯光诱捕蟹苗，就是利用它的这种趋光性特点。大眼幼体对淡水生活很敏感，已适应在淡水中生活，本阶段除了善于游泳外还能进行爬行，且行动敏捷。在游动时，步足屈起，腹部伸直，4对桨状游泳肢迅速划动，尾肢刚毛快速颤动，行动敏捷灵活。在爬行时，腹部蜷曲在头胸部下方，用胸甲攀爬前进。大眼幼体也是杂食性的，性情凶猛，能捕食比它自身大的浮游动物。在游泳或静止不动时，都能用大螯捕食。蟹苗在河口浅海往往借助于潮汐的作用，成群顶风溯流而上，形成一年一度的蟹苗汛期。大眼幼体的鳃部发育已经比较完善，可以离开水生

图1-3　大眼幼体

活一段时间，最长可达48～72小时，在购买蟹苗时就是利用这种特点进行蟹苗长途干法运输的（图1-3）。

三、幼蟹期

仔蟹、蟹种是幼蟹发育中的两个阶段，通称为幼蟹。仔幼蟹培育就是将大眼幼体培育成幼蟹的过程。从大眼幼体经过一次蜕皮后变成了第Ⅰ期幼蟹，通常称为Ⅰ期仔蟹，依此类推，将前4次蜕壳而变成的4期幼蟹分别称为Ⅰ、Ⅱ、Ⅲ、Ⅳ期仔蟹，其个体重量不足100毫克，背甲长为2.9～6.0毫米，背甲宽为2.6～6.5毫米，外形已接近成蟹成为椭圆形，因其个体小，仅有黄豆般大小，故俗称豆蟹。

从第Ⅳ期变态至第Ⅶ期幼蟹时，幼蟹的重量为5～8克，背甲长8.0～10.8毫米，背甲宽8.7～11.9毫米，也因其个体与衣服扣子大小相似而称为"扣蟹"，也称1龄蟹种。

幼蟹的额缘呈两个半圆形突起，腹部折叠在头胸部下方，俗称蟹脐。腹肢在雄性个体已有分化，转化为2对交接器，雌性共有4对。幼蟹用步足爬行和游泳，开始掘洞穴居，因此在人工育成时，尽可能减少穴居蟹的数量，以防"乌小蟹""懒蟹"的形成。

第Ⅰ期幼蟹经过5天左右开始第一次蜕壳，以后随着个体不断生

长，幼蟹蜕壳间隔时间也逐渐拉长，体形逐渐近似方形，宽略大于长，额缘逐渐演变出4个额齿，具有了成蟹的外形。

河蟹自第Ⅰ期幼蟹起，以后每蜕壳一次，个体长大，体重增加，基本特征相似，但仍有一系列形态上的变化和差异。可以利用这些差异及时判断蜕壳情况，预测蜕壳时间及蜕壳率，对准确及时投喂蜕壳素、增加动物性饵料具有重要作用，其形态特点变化如下：

（1）刚蜕壳的早期幼蟹，主要是第Ⅰ、第Ⅱ期仔蟹，头胸甲长大于宽；而进入第Ⅲ～Ⅵ期时，其头胸甲长略小于宽。

（2）头几期幼蟹头胸甲呈方形，周缘比较平坦，随着生长以后逐渐长成左右对称的不等边六角形，前缘出现4个额齿，头胸甲侧面生长4个锯齿状侧齿。

（3）早期幼蟹体色较淡，步足具有明暗相间的条纹，特别是第Ⅰ～Ⅱ期幼蟹最为明显，随着幼蟹生长进入第Ⅲ期，其明暗条纹逐渐消失，继之幼蟹体色转为土黄色。

（4）早期的蟹雌雄外形相似，腹脐均为三角形。在生长过程中，雄蟹每蜕一次壳，腹脐逐渐伸长，成尖形或倒三角形，末端尖而两侧略内陷。雌蟹每蜕一次壳则腹脐逐渐变圆，进入第Ⅵ期变态的幼蟹就可以通过腹脐来鉴别雌雄。

（5）河蟹的生长速度受环境条件，特别是饵料和水温的制约。条件适宜、饵料丰富、水温适合时，河蟹生长较快，蜕壳频率就高，每次蜕壳，体重和体长增加的幅度也较大。反之，蜕壳较慢，蜕壳后的生长、增长率都较小。通常早期幼蟹的蜕壳次数较频繁，在条件适宜下，大眼幼体一般4～5天即可蜕皮变态为第Ⅰ期仔蟹，以后每隔5～7天、7～10天相继蜕壳成第Ⅱ、第Ⅲ期幼蟹。但随着幼蟹的生长，蜕壳的次数和每次蜕壳的时间间隔渐次延长，因而在培育仔幼蟹时，通常用50～60天的时间完成仔幼蟹的第Ⅴ期至第Ⅶ期变态（图1-4）。

图1-4 大规格幼蟹

四、成蟹期

通常人们所说的成蟹包括黄蟹和绿蟹，成蟹即性腺成熟的蟹。

在河蟹生殖洄游之前，尽管其性腺还没有完全成熟，但人们在品尝熟蟹时仍能感到味道鲜美，因而也把它列入成蟹之列。此时雄蟹的步足上刚毛比较稀疏，雌蟹的腹部尚未长满，即尚不能覆盖腹脐的腹面，蟹壳的颜色略带黄色，人们称之为"黄蟹"。

黄蟹在洄游过程中再进行其生命历程中的最后一次蜕壳，性腺迅速发育。雄蟹步足刚毛粗长而发达，螯足绒毛丛生，显得大而老健；雌蟹腹部的脐明显加宽增大，四周密生的酱油色或墨色绒毛盖住了整个腹部，成为典型的团脐，蟹壳转为墨绿色且较坚硬，人们称之为"绿蟹"（图1-5）。

图1-5 绿蟹

五、亲蟹期

抱卵蟹是指交配产卵后抱卵的雌性河蟹。雌蟹的腹脐（腹部）内侧有4对双肢型附肢，叫腹肢，腹肢中的内肢是雌蟹用来产卵时附着卵粒的地方。河蟹交配受精后产出的卵先堆集于雌蟹腹部，然后再黏附于内肢的刚毛上孵育，这种附肢附着受精卵的雌蟹，因形似抱着卵，而称之为抱卵蟹，抱卵蟹经春末夏初自然孵化后就死亡。

第四节　河蟹种质资源和种苗质量

一、河蟹的种质资源概况

河蟹因生活在不同水系而被人为地划分成几个地理群系。生长在长江流域的河蟹被称为江蟹，是目前最受养殖专业户欢迎和信赖的蟹种。尤其是上海崇明岛北航道沿岸一带，天然蟹苗数量多、汛期长、易捕捞，被誉为蟹苗的"黄金海岸"。但因亲蟹和蟹苗的掠夺性滥捕及生态环境的人为破坏，目前江蟹资源日益枯竭，前景令人担忧。生活在辽河水系的河蟹被称为辽蟹，是"北蟹南移"最成功的群系，生长性状及速度仅次于长江蟹，目前已被许多地方当作长江蟹的替代蟹种。生长在瓯江水域的河蟹被称为瓯蟹，生长在珠江水域的河蟹被称为珠蟹，生长在闽江水域的河蟹被称为闽蟹或福蟹。这几种河蟹仅适于本地养殖，在其他水域养殖时，生长速度较慢、成活率及回捕率较低、成蟹规格明显偏小，经济效益较差。

二、河蟹种质资源退化及苗种质量下降的表现

1.长江天然蟹苗日益枯竭

以上海崇明为中心的长江蟹苗捕捞产量在20世纪80年代苗汛旺发季节，每年可达上万千克；但到了20世纪90年代中后期，蟹苗捕捞量急剧下降，1997年约400千克，1998年约200千克，天然蟹苗资源几乎枯竭（图1-6）。

图1-6 蟹苗

2.性早熟严重 自然界的河蟹寿命可达2~3年，而目前人工养成的河蟹寿命大大降低，蟹种早熟现象十分严重，高达20%~30%，不少河蟹仅15~25克时性腺已经发育完全。

3.成活率偏低 90年代初期，当年早繁苗Ⅴ期幼蟹的成活率可达60%~70%，经越冬后的1龄扣蟹的成活率维持在50%左右。而目前蟹种死亡率大大上升，当年早繁苗Ⅴ期幼蟹的成活率普遍在50%左右，1龄扣蟹成活率在30%~40%，群体成活率维持在40%。

4.抗病抗逆性能下降 自然河蟹是一种抗病力强、抗逆性高的水生动物，但目前其抗病抗逆能力急剧下降，具体体现在病种多、范围广，尤其是前几年肆虐的"抖抖病"，发病快、死亡率高。

5.成蟹规格普遍偏小 20世纪70~80年代河蟹多在200克左右上市，而目前多数规格在100~125克，甚至在50~75克即成熟上市，成蟹规格明显偏小。一方面小规格河蟹售价较低，疯狂冲击市场；另一

方面，又由于规格小，被大规格河蟹挤压，反过来受市场冲击，因而效益较低。

三、造成种质资源退化及种苗质量下降的原因

第一个原因是各种水系间的地理种群无序交配，原有基因丧失，很难恢复其优良性状。

第二个原因是没有经过淘汰而导致河蟹的性能下降。在自然状态下，通过自然选择优胜劣汰，而在人工养殖过程中，为了追求经济效益，把能成活的个体不加选择地全部加以养成，对种质资源的保护非常有害。长期下去，造成目前的河蟹规格小型化，某些优良性状如色泽、口感也逐渐退化。

第三个原因是"南蟹北移"与"北蟹南移"在生产实践上有较大突破，但各地方群系毕竟有其自身的优势和适宜的环境，生活环境的较大变化，可能导致河蟹生理机制不完全适应，抗病抗逆能力下降。

第四个原因是一些人工繁殖场为了利润，长时间采用池塘养成的河蟹作为亲本，近亲交配繁殖，导致子代种质资源退化。

第五个原因就是受当年早繁苗的高额利润驱使，不少生产单位竞相采用温室进行亲本强化催情、交配及大眼幼体培育，这种长期高温强化培育的结果导致河蟹体系品质下降，造成物种退化。

最后一个原因就是在人工繁殖、育苗及养殖过程中，长期使用多种抗生素，有些药物对河蟹器官损害性较大，有些药物对水和饵料有一定的毒害作用，而且易在河蟹体内富积，导致河蟹对抗生素药物的依赖性增大，甚至发生器官器质性病变，这是造成河蟹死亡率增加及抗逆能力下降的主要原因。

四、保护种质资源和提高苗种质量的举措

1.积极有序地开发长江口河蟹资源　在每年的蟹苗汛期，由政府机关通过宏观调控有组织有计划地对蟹苗实行捕捞，应适当留下部分在长江自然水域生长发育的蟹苗，以确保来年的亲蟹及蟹苗供应；同时加强长江干流及长江口成熟亲蟹和抱卵蟹的资源管理，必须通过法律和行政手段，做到依法兴渔、以法治渔，保护天然河蟹资源及其生存环境。

2.建立成熟亲蟹培育及放流基地 根据河蟹在草型湖泊育肥后个体肥硕健壮的优点,选择一处或多处草型湖泊放流长江口蟹苗或品质优良的长江幼蟹,利用天然饵料资源让其生长发育至性腺成熟,然后人工放流到长江口参与生殖洄游,以达到补充长江口亲蟹产卵群体的目的,确保优良种质资源的可持续利用。

3.确定种质标准,避免种质紊乱 长江蟹、瓯江蟹、辽河蟹、珠江蟹等各地方群系有其自身的特点,有关技术职能部门应统一种质标准,严格界定群系,尽可能减少群系间相互交配,从根本上提高或恢复原种质量。

4.建立苗种准入机制 建立国家原种场、省级良种场,做到技术到位、科研保障,实行种质调控机制,由国家按水平、实力颁布苗种生产许可证、经营许可证,严格控制不健康河蟹苗种流入市场。

5.保证亲本的相对纯洁 限制长江流域引进其他水系蟹种进行养殖生产。一方面,苗种生产场不应购买其他水系的河蟹亲本与长江水系亲本杂交,以免造成子代性状的紊乱;另一方面,养殖单位要限制引进其他水系的蟹种进行养殖。

6.合理用药 积极开展纯中草药制剂的开发研制工作,尽快形成抗菌防病系列和助蜕壳、促生长的复合型系列药品,减少乱用、滥用药物对河蟹机体造成的影响和危害。

7.加强技术服务 地方主管技术部门一方面要大力推广幼蟹培育技术,鼓励养殖户购买优质蟹苗培育幼蟹、扣蟹,再养成成蟹;另一方面扩大本地苗种生产规模,采用正宗亲蟹育苗、尽量常温繁殖、少用抗生素、蟹苗充分淡化等措施,提高苗种质量。

第二章 河蟹的繁育

由于河蟹是在淡水中生长，在咸水中繁殖，因此人工繁殖河蟹需要特别的水质资源和相应的技术。因此，本书对河蟹的繁殖育苗技术没有做深入介绍，只对河蟹的繁育简单地做一些简单介绍。

一、河蟹的生殖洄游

河蟹是一种在淡水中生长发育，在海水中繁殖后代的甲壳动物。在天然水域中，刚刚孵化的河蟹幼体经过大眼幼体期以后，河蟹便从江河出海口迁移到内陆的淡水江河、湖泊、港渠之中，定居16～17月，经过2个秋龄的生长发育后，进入生殖洄游的时间。决定河蟹生殖洄游的主要内在因子是它们性腺的发育程度，当雄蟹的精子细胞变态为精子，雌蟹的卵母细胞由生长期转为成熟前期或成熟期时，河蟹的生殖洄游逐渐走向高峰。洄游高峰期的出现是河蟹性细胞成熟的标志。在生殖洄游期，河蟹的摄食明显减少，性腺发育的营养来源主要依靠肝脏的营养转化，为河蟹产卵繁殖做好物质准备。

当河蟹的性腺发育成熟后，便于秋、冬季节（即寒露至立冬）成群结队地顺水而下，向它们"出家"时的江河出海口处迁移，然后在出海口的水域内进行抱对交配。

二、亲蟹的选择

在河蟹的养殖生产上，我们将达到性成熟且具有繁殖后代能力的河蟹称为亲蟹，因此亲蟹是进行河蟹人工繁殖的物质基础。只有具备数量充足、质量较好的亲蟹，才能保证人工繁殖得以顺利进行。

1.亲蟹选留的标准 为了保证种质的纯正，最好是从江河、湖泊等自然水域收集野生的绿蟹。亲蟹既包括母蟹（雌蟹），也包括公蟹

（雄蟹），根据生产的需求，通常应选择性腺成熟、蟹体健壮、肢体齐全、体表干净、肢壳坚硬、爬行活跃、肥度好、规格整齐、反应灵敏的蟹作为亲蟹（图2-1），那些附肢缺少或身体有病的河蟹绝不能作为亲蟹选择。另外不同性别的亲蟹在体重上也有讲究，可选择体重在

图2-1　优质的亲蟹

100克以上的2秋龄绿蟹作为亲雌蟹，雄蟹的体重则要大一些，一般要选择在150克左右为宜。按雌雄比例2∶1或3∶1搭配为宜。

2.**雌雄的鉴别**　为了更好地安排生产，必须做好亲蟹的雌雄配比，因此需要对雌雄河蟹进行准确的鉴别。用于繁殖用的雌雄亲蟹在鉴别上特别容易，一是看亲蟹的腹面的脐，脐是三角形的就是雄蟹，脐是圆形的就是雌蟹；二是看河蟹的大螯，螯足大且粗壮，上面密布黑黑的毛，就是雄蟹，螯足上的毛非常稀疏的则是雌蟹（图2-2）。

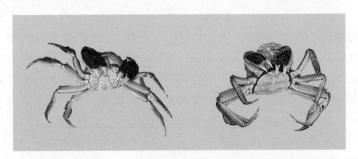

图2-2　雌雄蟹的区别（左雄右雌）

3.**选留的数量**　雌雄亲蟹选留多少，要根据生产量和实际需要来决定，一般每千克亲蟹(包括雄蟹)可生产蟹苗(大眼幼体)0.3～0.5千克，雌雄性比可按2∶1配比。例如，一家养殖场需要蟹苗400千克，那么就需要1 000千克的亲蟹，雌蟹约660千克，雄蟹约340千克就可以了。

4.**亲蟹的选留时机**　选留可在10～11月进行，这时的亲蟹发育程度最好，雄蟹的蟹膏肥厚，雌蟹的蟹黄饱满，是最佳的选配时间。

三、亲蟹的暂养

为了保证亲蟹的繁殖率，减少它们的损伤，对于已经选留好的亲蟹最好在当天运至育苗场。如果不能当天运走或亲蟹数量不足时，则需就地进行暂养。暂养的方法有室外暂养和室内暂养两种。

1.室外暂养　又称为笼养，就是选用竹制或木制的笼子，按要求做成一定规格，每笼放25～30只亲蟹，为了防止亲蟹过早流产，必须将雌雄亲蟹分开暂养。将装好亲蟹的笼子悬吊在水质清新的外河或经常换水的池塘中，一定要注意的是暂养笼在吊挂时，底部必须离池底50厘米以上，同时做好定期检查、投喂饵料、预防敌害的工作，确保亲蟹的成活。这种方法可用于较长时间暂养用。

2.室内暂养　又叫室内湿放，是指将装满亲蟹的竹笼(或木桶)放在室内，每天喷水2～3次，使亲蟹的鳃腔保持潮湿。此法虽然比较简便，但仅可存放2～3天，只适宜短期暂养。

四、亲蟹的运输

由于河蟹性成熟前都是在淡水中生长发育的，河蟹的繁殖是需要海水的，因此亲蟹一般都是需要长途运输的。

1.做好运输前的准备　根据运输亲蟹的数量、规格和运输里程等情况，确定装运时间、装运密度、起运时间、到达时间，另外人力安排、运输工具、消毒药物、水草、蒲包、竹笼等都要计划准备好，做到快装、快运。

2.快速装运　亲蟹担负着繁育后代的重任，对它的运输不能掉以轻心，根据路途远近和运输量大小，安排具有一定管理技术的运输管理人员，以利于做好起运和装卸的衔接工作，以及途中的管理工作，尽量缩短运输时间。在装运前囤养1～2天，让蟹排净粪便。亲蟹运输前，应先在竹笼内垫些水草或蒲包，将亲蟹平整地放在水草或蒲包中，放满后将其包扎紧固定好，以防亲蟹爬动。装运时操作要轻柔、敏捷，尽量减少对蟹的刺激，避免损伤亲蟹，尤其是亲蟹的附肢不能断损。将装满亲蟹的竹笼放在清水中浸泡数分钟，然后将亲蟹笼装入汽车或轮船上起运。运输途中既要防止风吹日晒，又要防止通气不良、高温闷热，因此尽量选择早、晚或凉爽的天气运输。如果运输距离较远，途中还应定时洒水，使亲蟹始终保持在潮湿、通气良好的环境中，以提高亲蟹运输的成活率。

五、抱卵河蟹的运输

一般情况下抱卵河蟹是不提倡运输的，因为抱卵河蟹的腹部有大量卵粒（胚胎）附着，对外界环境条件的变化十分敏感，抱卵蟹尤其是胚胎已发育至晚期的抱卵蟹难以长途运输。必须运输时，首先将篾篓底部铺上厚约8厘米的水草，然后依次放一层蟹，铺一层水草，最上边再盖一层10厘米厚的水草遮面；包装时应注意将抱卵蟹腹部朝下，不翻放，不侧放，不叠放；包装后，喷足原池半咸水，即刻启程。将篾篓放置在震动较小、无强风吹拂的双排座汽车的后排座位上，途中定时检查亲蟹是否移位，并且根据水草的湿润程度，及时用原池中的半咸水喷浇，到达目的地，经逐只检查后，及时投入池中。

六、亲蟹的饲养管理

运输到繁育场的亲蟹要经过越冬饲养后方能用于繁殖，通常有笼养、室内水泥池饲养和室外露天池饲养等方式，以露天池饲养为主。

1.越冬池的选择　室外露天池一般都是土池，越冬池应选择在避风向阳、靠近水源、环境相对安静的地方，东西走向，长方形或正方形土池，面积以1～3亩为宜，水深1.5米以上，土质以泥沙土或黏土为好。亲蟹入池前要做好清池工作，彻底清除池底淤泥，并对池底进行翻耕、晾晒10天以上。消毒一般采用生石灰（75～100千克／亩）或漂白粉（7～8千克／亩）全池泼撒，7天后注水。老池还要清除池底的污泥，建好防逃设施，池子水深保持1.2～1.5米。

2.亲蟹的放养　亲蟹放养时要将雌雄亲蟹分开，用淡水饲养，每亩放亲蟹200～400千克。

3.饮料投喂　选择营养丰富的鲜活饵料，如沙蚕、鲜杂鱼等定期投喂，还可以喂咸带鱼、青菜、稻谷、麦子等，日投喂量一般为亲蟹总体重的8%～12%。每天在日落前投喂一次，沿土池四周将饲料投入水位以下，第二天巡池检查亲蟹摄食情况，清除残饵，同时调整投喂量。多个饵料种类要交替投喂。

4.水质调控　抱卵亲蟹越冬期间，重点要保持水环境的相对稳定，其主要水质指标每隔半个月监测一次，盐度25‰左右，溶解氧5毫克／升以上，pH值7.8～8.7为好。渗漏的水池每隔5～7天添一次水，以保持水位在1.5米以上。可以不换水，如需换水，每次换水量应不超过总水体的30％。水体封冻时，要插入适量草把，并在每天早晨太阳升起以前破冰，及时清扫冰上积雪。

5.日常管理　每天早、晚各巡塘一次，以观察亲蟹的活动情况、摄食情况及水色变化等；检查防逃设施是否破损；每隔半个月要定期镜检抱卵亲蟹的受精卵发育情况，及时采取和调整管理措施，以保证抱卵亲蟹顺利越冬。

七、河蟹的交配产卵

1.交配产卵池的选择　河蟹的交配产卵池面积以0.5～1亩为宜，池底以沙质为好。

2.亲蟹的配组发情　每年12月至翌年3月上中旬是河蟹交配产卵的盛期。在水温8℃以上，选择晴朗的天气，将性腺成熟的雌雄河蟹按（2～3）∶1配组后，一同放入海水池中，即可发情交配。

3.亲蟹的发情交配　亲蟹受到海水刺激，很快会有发情反应，但雄蟹发情较早。发情的雄蟹尽力地追逐雌蟹，用其强有力的大螯足钳住雌蟹的步足，如此时雌蟹尚未发情，便会竭力挣脱；当雌蟹也开始发情时，便会将步足、螯足收拢，任凭雄蟹携带而行。待雄蟹找到安静而且光线弱处或有隐蔽物处，便将雌蟹松开，并伸展其步足，雌蟹往往安静地待在雄蟹腹部下面，待雌蟹达到性高潮时，双方拥抱，进行交配。

4.亲蟹的产卵受精　在雌雄亲蟹交配的时候，雌蟹主动打开腹部，暴露出胸板上的生殖孔，雄蟹随即趁势打开腹部，并将它按在雌蟹腹部的内侧，使雌蟹的腹部不能闭合。与此同时，雄蟹的一对交接器末端使劲地紧压在雌蟹的生殖孔上，由交接器运动挤压，将其精荚插入雌蟹的生殖孔内，直到将其精荚贮于雌蟹的纳精囊内，待纳精囊内贮满精荚，交配才算完成。

一般在水温9～12℃、海水盐度8‰～33‰时，河蟹能很快自然交配，经过7～16小时顺利产卵受精。

八、抱卵蟹的饲养

1.检查抱卵情况 雌雄亲蟹放入交配池中20天左右，可排干池水，检查雌蟹的抱卵情况，如有80%以上的雌蟹已抱卵，应及时将雄蟹捕出，重新注入海水，饲养抱卵蟹。

2.抱卵蟹的投喂 抱卵蟹通常也是在交配池中直接饲养的，要科学合理地投喂咸带鱼、蚌蛤肉、沙蚕、蔬菜等饵料，使抱卵蟹吃饱、吃好，避免因饵料不足抱卵蟹摘卵自食。

3.抱卵蟹的管理 3月后，气温、水温逐渐升高，再加上抱卵蟹的食量大，排泄物多，池水容易恶化。因此，要特别注意加强水质管理，一般3~4天换一次水，每次换水1/3~1/2，保持水质清、新、活、爽。换水时还要注意保持池水水温和盐度相对稳定，为蟹卵的发育创造一个良好的环境条件，以促进胚胎发育。

九、受精卵的孵化

受精卵有内、外两层卵膜，外膜因吸水而膨胀，两层膜间产生黏液，会黏附在雌蟹腹肢的刚毛上。由于雌蟹腹部不断扇动及腹肢的活动，使黏附在刚毛上的卵群就像许多长串的葡萄。这种腹部携卵的雌蟹，称为怀卵蟹或抱仔蟹。抱仔蟹的怀卵量与其体重、规格成正比。体重100~200克的雌蟹，抱卵量可达30万~50万粒以上。人工养殖越冬抱卵蟹，所获怀卵蟹孵出幼体后不需要再交配，可继续第二、第三次产卵，过去这种生理效应常被用于人工育苗的二次孵幼。实践证明，二次抱卵所孵幼体个体规格、体质都不利于养殖生产，现在生产育苗中多数已不再采用二次抱卵蟹育苗。

因冬末至夏初水的温度很低，其胚胎发育较为缓慢，故早期产的卵孵化时间较长，一般为3~4个月；晚期产的卵孵化时间较短，一般为1~2个月。孵化出膜的溞状幼体，经过5次蜕皮，发育成大眼幼体，俗称蟹苗。

第三章　河蟹的苗种培育

第一节　仔蟹培育的基本知识

一、仔蟹阶段的特点

河蟹蟹苗离开亲蟹母体后，不能立即投入养殖环节中，这是因为：一是蟹苗个体弱小，逃避敌害的能力差；二是蟹苗的取食能力低，食谱范围狭窄；三是蟹苗对外界不良环境的适应能力低。因此，必须要将蟹苗进行适当的中间培育后，才能进行成蟹的养殖，我们将这种生产上进行蟹苗中间培育的过程称为仔幼蟹的培育。在生产上，将大眼幼体培养15～20天蜕壳三次后称为Ⅲ期仔蟹，这时规格达16 000～20 000只/千克，即可将它们投放至大水面或池塘中饲养。从大眼幼体到Ⅲ期仔蟹，称为仔蟹培育。

为什么选择Ⅲ期仔蟹作为仔蟹培育阶段呢？这是因为在仔蟹阶段，开始由蟹苗的生活习性逐步过渡为幼蟹和成蟹的生活习性。Ⅲ期仔蟹阶段是一个重要的过渡阶段。它们在形态和生态要求上发生了以下变化：

首先是体内盐度的过渡，在此阶段，河蟹由幼体的盐度逐步过渡为成体所需要的盐度，即由咸淡水逐步转化为淡水。

其次是栖息习性的过渡，通过仔蟹培育，蟹苗的生活习性由最初的浮游状态逐步过渡到与幼蟹、成蟹相似的爬行习性，同时它们逃避敌害的能力大大加强。

再次是它们在食性上的过渡，刚刚脱离母体的溞状幼体都是以浮游动物为食；经过蜕皮后的大眼幼体以食浮游动物为主，兼食水生植物；而仔蟹阶段的食性则发生了明显的改变，由以食浮游动物为主过渡到以食植物性饵料为主。

最后是形态上的过渡，溞状幼体呈水蚤形；大眼幼体呈龙虾形；而Ⅰ、Ⅱ期仔蟹外形虽像蟹形，但其壳长仍大于壳宽，至Ⅲ期仔蟹，其壳长才小于壳宽，形态真正与幼蟹、成蟹相像。

此外，一般从蟹苗培育到Ⅲ期仔蟹需15～20天。如再延长，蜕壳4～5次，培育时间延长至30～40天，此时正遇高温季节，在运输上困难更大，而且在养殖上其水质、饵料的矛盾更大。因此，无论从生态习性变化还是生产季节需要，蟹苗培育至Ⅲ期仔蟹即可出池分养，开始转入幼蟹培育阶段。

二、仔幼蟹培育的意义

河蟹的大眼幼体（即蟹苗），体小纤弱，平均体重6～7毫克，营游泳生活，喜集群、顶风逆流，在岸边生活，食饵范围较狭窄，取食能力低，对环境改变的适应和抵御敌害的能力差。蟹苗经一次蜕壳后变为幼蟹，平均体重在10毫克以上，附肢已成雏形，掘土营底栖生活。第Ⅲ期仔蟹已开始在底泥打洞，穴居生活，对光线有回避性，喜在阴暗处生活。白天极少活动，傍晚开始觅食，能攀爬、游泳，以攀爬为主，其生活能力、活动能力及防御敌害的能力比蟹苗强得多。

在河蟹的整个发育史上，大眼幼体阶段是河蟹生活史上的薄弱环节，往往会在这一时期内大量死亡，在目前河蟹的自然资源日益枯竭的情况下，这无疑对生产非常不利。如果直接投放天然蟹苗或人工培育的蟹苗，无论是放流于天然湖泊还是用于小水体精养，都只能取得极低的成活率和回捕率。由于蟹苗个体小，其寻找食物、逃避敌害及对环境的适应能力都比较低，往往会造成大批量的死亡，或被其他水生生物所吞食，造成蟹苗的极大浪费。

经过各地水产工作者和养殖生产者的多年研究、探索和实践，目前已经找到了解决这种问题的方法：即将蟹苗放在小水体里精心培育20天左右，使蟹苗变态成Ⅱ～Ⅲ期仔蟹，然后进行分塘，经过1个月左右培育成Ⅴ～Ⅶ期的幼蟹后，再投入大水体中进行养殖。由于小水体具有水质容易控制，投饵、管理、捕捞方便且劳动强度小的优点，因而仔幼蟹培育的工作已成为养蟹生产的一个必要的中间阶段。特别是从1990年开始，在市场经济的推动下，随着河蟹热的升温，市场价格的抬高，当年生产、当年受益已成为养殖户追求的生产目标。为了实现当年投苗、当年产蟹、当年受益的目标，在江、浙、皖一带，率先攻克了当年早繁苗培育仔幼蟹后再生产成蟹的技术，使得大棚增温育苗迅速推广。

通过塑料大棚的增温保温作用，强化培育当年早繁蟹苗，仅用一个多月的时间，大眼幼体变态成 V～VII 期幼蟹，再投放在各种水体中进行人工养殖。当年农历九十月间即可起捕上市，规格可达50～100克，平均可达75克，大大缩短了养殖周期，降低了养殖成本，提高了经济效益。

随着人们对河蟹自然生长生活习性的重视，加上当年小河蟹价格越来越低，受到市场的冲击越来越大，从2002年开始，全国各地逐渐重视露天土池培育幼蟹的工作，渐渐取代了温棚培育仔幼蟹的做法。本书重点介绍土池培育仔幼蟹技术。

三、仔蟹培育的方式

经从事水产工作者多年的实践经验总结，形成了几种颇具特色的仔幼蟹培育方式。

从培育场所来划分，可分为水泥池培育、网箱培育和土池培育三种；从培育所需的温度来考虑，可分为常温培育（又叫露天培育）和恒温培育（又叫温棚培育）。露天培育对温度的要求不高，受外界的气候如温度、风向、风力、天气等因素的影响较大，可控性较差，而且幼蟹出池规格大小悬殊，出现"懒蟹"的比率较高，成活率偏低，经济效益特别是当年效益不太理想。但露天培育有利于对第二年的蟹种进行有目的的控制与培育，性成熟蟹种比例较小。温棚培育即通过人为控制，在相对封闭的温棚这个生态系统内进行人工调节水温，受外界环境的影响较小，可大大提高成活率，而且出池规格较整齐，"懒蟹"的比率降低，大大缩短了养殖周期。利用温棚培育当年早繁苗养殖成商品蟹是成功的，既减少了特种水产品在生产上的风险性，且经济效益显著，是致富的好途径。

水泥池培育、网箱培育及土池培育，是仔幼蟹培育的不同方式，它们既可以在露天下培育，又可以在温棚内培育。

第二节　大眼幼体的鉴别和运输

目前，养蟹生产中流通的蟹苗，其繁育亲本有长江蟹、辽蟹、瓯蟹等之分。不同品系的河蟹在不同的养殖环境中，其个体大小、生长性能存在不同的特点。因此在不同地域养殖河蟹应结合当地的气候条件、水质特点，选择合适的品种。

一、蟹苗出池

幼体经变态成为蟹苗，也就是大眼幼体后，再经5～7天的培育就可出池。蟹苗出池前，应向培育池内不断加入淡水进行淡化处理，至蟹苗出池时，池水的盐度应小于5‰，使其逐步适应淡水环境，为蟹种的培育打好基础。出苗则采取在育苗池出水口处加一个0.6毫米的网箱，拔去出水孔塞子，让水流进网箱集苗即可。出苗前应放掉部分池水，减轻池底压力，防止出水孔因压力较大而挤伤蟹苗。

二、大眼幼体质量的鉴别

大眼幼体不但具有发达的游泳肢，而且有较强的攀爬能力，经过一次变态就蜕皮成第Ⅰ期幼蟹。所谓培育仔幼蟹，就是把购进的大眼幼体在培育池中进行培育，经变态、蜕壳成Ⅴ～Ⅵ期幼蟹。

有不少育苗户由于购买蟹苗不当，造成严重的经济损失，因此正确鉴别蟹苗质量非常重要。要购买到优质蟹苗，必须注意以下几点：

1.查询法　购买人工繁殖的蟹苗时，最好是查询雌蟹亲本的个体大小及发育程度，判断蟹苗的孵化率及个体发育状况。同时要仔细询问蟹苗的日龄、饵料投喂情况、水温状况、淡化处理过程及池内蟹苗密度。若饲养管理较好，蟹苗日龄已达5～7天，淡化超过4天，且经过多次淡化处理，淡化盐度降至2‰～4‰，并已维持1天以上，蟹苗大小均匀比例达80%～90%，说明该池蟹苗质量较好；反之，购买时应慎重考虑。

另外，还可查询一下亲蟹的培育方式，应选择本地培育的优质苗。一般土池培育的蟹苗较工厂化培育的蟹苗有更强的环境适应性。在同等条件下，土池培育的蟹苗为首选。

2.池边观察判断法

（1）观察蟹苗的活动能力：在人工繁育的蟹苗池边，注意观察池内蟹苗的活动情况，包括游泳能力、攀爬能力及趋光性的敏锐度，同时观察池内蟹苗的密度。如果蟹苗游泳姿态正常、游动能力强、苗体健壮、规格均匀、体表光洁不沾污物、色泽鲜亮、活动敏捷、攀爬能力及对光线的趋向性强、池内蟹苗密度较大，每立方米水体超过8万～10万只，说明该池蟹苗质量较好；反之，购买时应慎重考虑。

（2）观察蟹苗在水中游泳的活力和速度的快慢：选择在水中平游，速度很快，离水上岸后迅速爬动的健康苗；不选在水中打转、仰卧水底、行动缓慢或聚成一团不动的劣质苗。

（3）观察蟹苗的吃食情况：蟹苗胃里有饵，蟹苗池边无残饵杂质和死苗等都是质量好的蟹苗。

3.称重计数法 将准备出池的蟹苗用长柄捞网或三角抄网任意捞取一些，沥干水分用天平称取1～2克，逐只过数。折算后规格达到12万～16万只/千克，说明蟹苗质量较好；如果苗龄过短，个体过小，超过18万只/千克，则说明蟹苗太嫩，不能出池。这里有个换算小技巧，以重量推算：淡化2～3天，规格为20万只/千克；淡化4～5天，规格为16万只/千克；淡化6～8天，规格为12万只/千克。

4.观察体表 体格健壮的蟹苗，一般规格比较整齐，体表呈黄褐色、晶莹透亮，黑色素均匀分布，游泳活跃，爬行敏捷。检查时，进行目测的标准是：用手抓一把已沥去水分的大眼幼体，轻轻一握，甩一下，轻握有弹性感、沙粒感和重感；放在耳朵边，可听见明显的沙沙声；然后松开手撒在苗箱里，如蟹苗立即四处逃走，爬行十分敏捷，无结团和互相牵扯现象，说明蟹苗质量较好，放养成活率则较高。否则为劣质苗。

还有一种观察的方法就是将捏成团的蟹苗放回水中，蟹苗马上分散游开，而不结团沉底；连苗带水放在手心，蟹苗能带水爬行而不跌落，这就是质量好的蟹苗（图3-1）。

图3-1 观察蟹苗的质量

5.室内干法或湿法模拟实验 干法模拟实验是将池内的蟹苗称取1~2克，用湿纱布包起来或撒在盛有潮湿棕榈片的玻璃容器内，放在室内阴凉处，经12~15小时后检查，若80%以上的蟹苗都很活跃，爬行迅速，说明蟹苗质量较好，可以运输。湿法模拟实验是将蟹苗称取1~2克放在小面盆或小桶内，加少量水，观察10~15小时，若成活率在85%以上，说明蟹苗质量较好。

三、不宜购买劣质的蟹苗

1.不要购买非本地水域的蟹苗 例如，在长江水域进行河蟹养殖的就不要选购非长江水系的蟹苗种。这是因为辽蟹、浙蟹、闽蟹苗种如果移到长江水系中养殖，其生长缓慢、早熟现象明显、个体偏小、死亡率高、回捕率低，它们只能适合在辽河水系、瓯江水系生长。

2.不要购买药害苗 药害苗就是指苗场在人工育苗时反复使用土霉素等抗生素药物，这种蟹苗受到药害，会造成蟹苗蜕壳变态为仔蟹后，身体无法吸收钙质，甲壳无法变硬，常游至池边大批死亡。

3.不要选购正处于蜕壳期的苗种 由于出售不及时，育苗池中的蟹苗已有部分蜕壳变态为Ⅰ期仔蟹或是正在蜕壳，则不能购买，这种蟹苗在运输后会大量死亡。

4.不要选购花色苗 花色苗是指蟹苗体色有深有浅、个体太小或个体有大有小。这种蟹苗，如果是天然苗，可能混杂了其他种类的蟹苗。如果是人工繁殖苗，是蟹苗发育不整齐，在蜕壳时极易自相残杀。

5.不要选购海水苗 海水苗是指未经完全淡化的蟹苗或蟹苗淡化不彻底，它们对海水的盐度有很大的依赖性，如将它们直接移入淡水中培育，无论是天然苗还是人工苗都会昏迷致死。判断方法如下：未淡化好的蟹苗杂质和死苗较多；颜色不是棕褐色，夹有白色；用手指捏住蟹苗3~5秒放下后，活动不够自如，爬行无力或出现"假死"。

6.不要选购保苗时间长的苗 一些育苗单位因蟹苗育成后没能及时找到买主，只能选择在较低温度的育苗池中保苗，然后再待机出售。由于保苗时间过长，大量细菌原生动物进入蟹苗体内，这种蟹苗一旦进入较高温度的培育池中，会很快蜕壳，大部分外壳虽蜕下但旧鳃丝不能完全蜕下，蟹在水中无法呼吸氧气而上岸，直至干死。

7.不宜选购嫩苗　嫩苗就是比较娇嫩的蟹苗，造成嫩苗有两种情形，一是淡化没有到位就急忙出售；二是河蟹本身体质差，比较娇嫩。肉眼可以看到蟹苗身体呈半透明状，头胸甲中部具黑线。这种蟹苗日龄低，甲壳软，经不起操作和运输。

8.不要选购高温苗　这种高温是人为造成的，就是一些生产场为了抢占市场或降低培育成本，在人工育苗时，采用升高水温的办法来加速蟹苗变态发育，故意缩短育苗周期。这种通过升温育成的蟹苗，对低温适应能力很差，到仔蟹培育阶段成活率低。

9.不要选购不健康的苗　这种不健康的苗也是通过肉眼直接观察的，一是仔细观察苗池中死苗的数量，如池中死苗多，那么那些存活下来的也基本上是病苗；二是体表和附肢有聚缩虫或生有异物的苗；三是壳体半透明、泛白的"嫩苗"或深黑色的"老苗"。这三种苗都是典型的不健康苗，在选购时要放弃。

四、大眼幼体的运输

大眼幼体的运输是发展河蟹养殖生产的重要一环，运输存活率的高低直接影响着养殖产量和效益。蟹苗运输方法主要有两种，一种是蟹苗箱干法运输，另一种是尼龙袋充氧水运。这两种方法各有特点，适应不同需要。大眼幼体阶段的鳃部发育已完善，具备离水后用鳃呼吸的能力。实践证明，只要掌握得当，运输的存活率都可达80%以上。目前用得最多的还是蟹苗箱干法运输。

1.装运蟹苗的工具　目前大部分运输蟹苗采用干法运输，装运蟹苗的工具是一种特别的蟹苗运输箱。蟹苗箱为长方体，常见规格为60厘米×40厘米×20厘米，箱两长边各开一个长方形的气窗，规格为40厘米×10厘米，两短边气窗的规格为20厘米×10厘米，气窗用塑料纱窗或者用聚乙烯丝织网装好，网目为1毫米左右，以不跑蟹苗和能进行

注：目为非法定计量单位。表示每平方英寸上的孔数。

通畅的气体交换为宜。箱底用16目筛绢固定镶嵌蒙上，成套的蟹苗箱上下层之间应层层扣住，最上面一层应封好，不能让蟹苗逃跑。箱框用木料制成，杉木为最好，因其密度小且易吸水，能使箱体保持潮湿且便于搬运（图3-2）。现在还有一种更方便的装运蟹苗的工具箱，就是我们常见的泡沫箱（图3-3）。

图3-2　木质蟹苗箱

图3-3　泡沫蟹苗箱

2.装蟹苗的数量和方法　装蟹苗的数量应根据气温高低、运输距离远近、蟹苗体质好坏等因素而定。健壮的蟹苗，气温在14～18℃的情况下，每箱装苗0.75～1.25千克。运输距离远、气温高时，可适当少装。

运输前先将箱框在水中浸泡一夜，让箱体保持潮湿状，以利于提高运输时的成活率。具体装箱方法是：先在箱底铺设一层嫩水花生枝叶或聚草、棕榈皮、丝瓜瓤等，这样既增加箱内的湿度，又增加了蟹苗的活动空间，可防止蟹苗在运输途中因颠簸堆积在一起，而窒息死亡。但应注意两点：一是棕榈皮、丝瓜瓤应尽量不用，若用时要先用开水浸泡或蒸煮消毒；二是水草等铺设物浸水后，应用力抖一下，不能积聚过多的水分，一般以箱体潮湿不滴水为度。在装箱时，应尽可能将漂洗干净的蟹苗均匀放在苗箱内，并注意动作要轻，将堆积的蟹苗松散开，防止蟹苗的四肢被水黏附，导致活动能力下降而死亡。如水分太多，蟹苗黏结时，可将苗箱稍微倾斜，流去多余积水，或用手指轻轻地把蟹苗挑松后叠装起运。

3.运输蟹苗的技术要点　生产上蟹苗运输的要点是掌握好湿度、温度和合理通风。低温、保持湿润和有足够溶氧的供应是提高蟹苗运输成活率的关键。其技术要点主要包括以下几点：

（1）5月份的露天苗尽量争取夜间运输和阴天运输，因为夜间和阴天气温比较低，有利于苗箱内温度的保持；2~3月的温棚苗应在早晨起运，减少温差的影响。

（2）淡化后才能运输，淡化是蟹苗从一定盐度的海水中培育出来后，进入淡水前必须经过的程序。若蟹苗不经淡化直接放入淡水水域中，半小时后即麻醉昏迷，继之死亡。一般淡化4~5天后才可运输，淡化要逐日按梯度进行，运输时的淡化浓度不能高于7‰~8‰，一般以2‰~3‰为最佳。

（3）运输时间最好不要超过40小时。蟹苗从溞状幼体发育到大眼幼体阶段，具有较强的调节渗透压的能力，能适应淡水生活，有很强的趋光性，用大螯能捕捉食物，并有攀附能力，能适应24小时的潮湿运输。试验证明蟹苗离水24小时存活率可达90%以上；离水36~48小时仍有60%~80%存活；但48小时后，存活率降至50%以下。因此，在蟹苗长途运输时，时间愈短愈好，尽量减少时间上的延误。

（4）白天运输时应避免阳光直射，在成套的蟹苗箱处再盖上一层窗纱。

（5）若运输时间在24小时之内的，每箱可装1~1.25千克，苗箱内水草厚度可达5厘米，蟹苗厚度在3厘米左右；若运输时间在36小时以内的，每箱可装0.75~1千克，水草厚度可达8厘米，蟹苗厚度在1~1.5厘米。

（6）蟹苗装入苗箱时，必须防止蟹苗四肢黏附较多的水分。蟹苗箱的水草水分也不宜太多，因为在装运时如果水分过多，苗层通透性不良，底层蟹苗支撑力减弱，导致缺氧窒息而死。

（7）运输时尽量避免凉风直吹蟹苗，尽量防止蟹苗鳃部水分被蒸发干燥。

（8）采用汽车等运输工具运蟹苗时，车顶及四周要遮盖，注意在保持温度的前提下，防风、防晒、防雨淋、防高温、防尘埃及防止强烈震动。

（9）保持运输箱内湿润，不能干燥。经过一段运输历程后，可以用喷雾器定时喷雾状水，以保持蟹苗湿润，但水分不宜喷得过多，否则易使蟹苗四肢黏附水滴，使蟹苗丧失支撑力而死亡。

（10）目前生产上常用桑塔纳轿车或昌河面包车运输蟹苗，具有便捷、快速的优点。

综合这几点考虑，笔者认为首先应计算好运输的路线及运输时间，尽量保证蟹苗到达培育池是上午9:30~10:30间，效果极好。在装运过程中，车厢内应始终保持恒温16~18℃。

4.尼龙袋充氧运输 和运输鱼苗一样，可以使用双层塑料袋，做成容积50升左右，每袋装水30升，放蟹苗120~150克（约合每升水700~800只蟹苗），充氧气10~12升，经过扎口、装箱处理后，可以直接运输，成活率可达90%以上，本方法适合空运。

蟹苗是活物，运输打包过程稍有疏忽，都会导致损失惨重，所以任何细节都不可忽视：

首先是在装水前要仔细检查塑料袋是否漏气：用嘴向塑料袋吹气，然后迅速用手捏紧袋口，用另一手向袋加压，看鼓起的袋有无瘪掉，听听有无漏气的声音，这样就不难判别塑料袋漏气了。

其次是要科学充氧：充氧要适中，一般以袋表面饱满、有弹性为度，不能过于膨胀，以免温度升高或剧烈震动时破裂；特别是进行空运，充气更不宜多，以防高空气压低而引起破裂。

最后就是袋口要扎牢扎紧：袋口扎得不紧是漏气的原因，当氧气充足后，要先把里面一层袋离袋口10厘米左右处紧紧扭转一下，并用橡皮筋或塑料带子在扭转处扎紧；然后再把扭转处以上10厘米那一段的中间部分再扭转几下折回，用橡皮筋或塑料带子将口扎紧。再把外面一层塑料袋用同样的方法分2次扎紧。切不可把两袋口扎在一起，否则就扎不紧，容易漏水、漏气。

第三节　仔幼蟹的饵料来源及投饲技术

一、河蟹幼体的饵料

刚孵化出来的幼体，都是以天然饵料作为开口饵料的，培育常用的活饵料以藻类、轮虫和卤虫为主，并辅以用鱼肉、蛋黄等制成的人工微颗粒饵料。投喂方法为全池泼撒，坚持少量多次，以后每天投喂4~6次，投喂量可适当增加。饵料要求新鲜、适口、喂足、喂均匀。饵料颗粒的大小也应随着幼体的生长而逐渐加大。投喂动物性活饵料时，要掌握好投喂量，以当天吃完为原则，以免活饵料吃不完留在培育池内与河蟹幼体争空间、争氧气、争营养物质。

二、仔幼蟹的饵料

仔幼蟹的摄食方式和成蟹相似，用螯足捕食和夹取食物，然后把食物送到口边用大颚将食物咬碎。食性为杂食性，对新鲜鱼糜、螺蚌肉糜尤为喜爱，但不能充分利用鱼皮，因此在仔幼蟹培育期应注意动物性饵料的投入。

仔幼蟹的饵料包括动物性饵料和植物性饵料，最好的是浮游生物如枝角类等天然饵料。由于天然饵料产生的高峰期有时间限制，加上数量有限，因此主要还是依靠人工投喂。动物性饵料有鲜鱼、螺蚌、鸡蛋、蚕蛹等；植物性饵料除栽种水草外，主要投喂黄豆、豆饼。

由于幼蟹对鱼皮不能利用，故小鱼应煮熟后再磨碎；螺蚌去壳后再投喂；鸡蛋煮熟后取其蛋黄过滤后投喂；黄豆泡12小时后再磨成浆汁投喂。按照仔幼蟹各期对营养的不同需求，确定最佳配比方案，然后将鸡蛋黄、鱼肉、螺蚌肉、豆浆一起搅拌，在磨浆机中磨碎，用40目的筛绢过滤去渣滓，再均匀泼洒投喂。

三、仔幼蟹投饲技术

投饵次数原则上是在大眼幼体至Ⅰ、Ⅱ期变态后，每日5~6次，每日投饵量占幼蟹体重的100%；进入Ⅲ、Ⅳ期变态后，每日4~5次，每日投饵量占幼蟹体重的80%；进入Ⅴ、Ⅵ期变态后，每日2~4次，每日投饵量占幼蟹体重的50%~60%。投饵时间及投饵量以晚上占60%为主，以适应仔幼蟹昼伏夜出的生活习性。

第四节　仔幼蟹的培育

一、网箱培育仔幼蟹

培育仔幼蟹的网箱用尼龙筛绢或聚乙烯网布制成，网目为8~9目/

厘米，以不使蟹苗逃逸为度。在适度范围内，网眼大，流水通畅，效果更佳。网箱大小无严格规定，一般规格采用2米×1米×1米或4米×3米×1米，体积在4～10米³为宜。网箱可分为固定网箱和活动网箱两种。固定网箱四角用竹竿扎紧上下角，竹竿插在泥中，使网箱各边拉紧挺直，不要折弯形成死角，否则会导致蟹苗进入死角难以觅食与活动而死亡。活动网箱用木架或竹框支撑起，使之浮于水面。网衣下沉水中70～80厘米，网箱上部用同规格的网片加盖封顶，但需留一个可供开闭的出入口。在开口处缝拉链或用铁夹夹牢，便于放苗、投饵及管理检查等，也可以在网箱露出水面的部分缝接30厘米的尼龙薄膜，用线和支架垂直拉挺，以防幼蟹逃跑和青蛙等水生动物入箱。网箱可选择在具有一定水流的河流、湖泊、水库或大水面池塘中放置，要求水体的水质清新、无污染，水深2米左右，避风向阳，溶氧充足。网箱培育仔幼蟹由于其自身的特点，常用于露天培育，在温棚中一般不用。在设置网箱时，不能直接将网箱贴在底泥上面，也不宜将整个网箱压在水草丛上，以免造成底层缺氧导致蟹苗死亡现象。若网箱有若干个时，箱距4～5米，行距5～6米，这样便于集中操作管理。投放蟹苗密度一般以2万～3万只/米³为宜。据统计分析，投放密度较稀，成活率较高，仔幼蟹个体就越大；相反，投放密度越高，成活率就下降，出箱规格就越小。网箱中培育的时间越长，仔幼蟹的成活率越低，一般用15～20天培育成Ⅱ～Ⅲ期仔蟹再适时分箱进行Ⅳ～Ⅵ期幼蟹培育。由于网箱培育仔幼蟹时，箱体中无穴居的可能，所以必须投放水草作为大眼幼体和仔幼蟹的附着物，增加它们栖息隐蔽的场所。适合于投放的水草种类主要有水花生、苴草、黄丝草、金鱼藻、轮叶黑藻等，投放采用捆扎成束并用沉子固定的方法，一般投放1～2千克/米²。培育仔幼蟹的早期饵料，采用鲜鱼糜、黄豆浆、枝角类（如俗称红虫的美女溞）、水蚯蚓等，以后逐渐增加碾压过的螺蚌肉、菜饼、豆饼、米糠、豆渣、猪血等。投饵量要充足，否则会发生自相残杀、弱肉强食的现象。投饵方法宜少量多次，前期每天4～6次，后期逐渐降为每天2～3次。另外对网箱要定期检查，常洗刷，保证水流畅通及有良好的水质；要勤检查网衣，看是否有破损，要防止老鼠咬破网衣，造成仔幼蟹从破损处逃逸（图3-4）。

二、水泥池培育仔幼蟹

水泥池要求用砖砌而且池壁要抹得光滑，池角圆钝无直角。水泥池培育时水位不宜太深，以免软壳蟹因受压力太大而沉底窒息死亡，一般水深控制在30~50厘米。把水位线以下的池壁抹粗糙些，以利于幼蟹攀爬，水位线

图3-4 网箱培育仔幼蟹

以上的部分尽可能抹光滑些，以防幼蟹逃跑。为了防止幼蟹攀爬或叠罗汉逃逸，可在池壁顶部加半块砖头做成反檐。在蟹苗入池前，必须对水泥池进行洗刷和消毒，用板刷将池内上上下下刷洗2~3遍后，再用100毫克/升的漂白粉全池洗刷一遍，即达到消毒目的（新建水泥池还需用烧碱溶液浸泡，除去硅酸后方可使用）。进水时，用40目的筛绢过滤水流，以防止野杂鱼及水生敌害昆虫进入池内危害幼蟹。在培育池中，人工放置可供蟹苗栖息、隐蔽的附着物，各地可因地制宜地使用。如芦苇叶及其茎束、经煮沸晒干的柳树根须、水花生等，把它们扎成小把，悬挂或沉入池底；还可放紫背浮萍、水葫芦、苦草等。水草面积占池子面积的1/4~1/3。蟹池中放置水草的作用，主要是调节水质和供蟹苗栖身及摄食。在培育技术高、条件好的地方，尤其是蟹苗放养密度超过5万只/米³时，要采用机械增氧或气泡石增氧。机械增氧主要是用鼓风机通过通气管道将氧气送入水体中，慎用增气机直接搅水增氧。放置气泡石时，每平方米放一块气石并使之连续送气，这样不仅保证了水中较高的溶解氧，而且借助波浪的作用使大眼幼体或仔幼蟹比较均匀地分布于池水中。在培育期间，要经常换水，通常3天换水一次，换水量为1/3左右，保证水质清新。每天要求定时、定点、定质、定量投饵。饵料的种类以营养价值高、易消化的豆浆、豆粉、血粉、鱼粉、蛋黄比较适宜，尤其是枝角类和水蚯蚓等天然活饵料为最佳，因为这类活饵既可以节约饵料，又能满足仔幼蟹的蛋白质需要，更重要的是对水质影响较小。在初始阶段，蟹苗主要营浮游生活，

饵料可搅拌成糜状或糊状均匀地撒在水中，待到Ⅱ期变态后，可将饵料投放在水草叶面上，让幼蟹爬上来摄食。经过15~20天的培育，可分池进行Ⅲ~Ⅵ期的幼蟹培育，管理方法及饵料投喂与仔蟹培育时相似。

现在在南方为了更好地捕捞和加强管理，也采用将水泥池培育和网箱培育有机地结合起来的方法，效果非常好（图3-5）。

图3-5　水泥池网箱配合培育仔幼蟹

三、土池露天培育仔幼蟹

利用土池培育仔幼蟹，具有造价低、管理方便、水质较稳定、生产上易于推广等优点；缺点是在露天培育下水温不易控制，敌害较多。例如，曾有人解剖过进入培育池中的青蛙，每只青蛙腹中有蟹苗20只左右，最多的高达221只。因此，在培育前做好准备工作是提高河蟹苗种成活率的重中之重。

1. Ⅰ~Ⅲ期幼蟹的培育

（1）水体培肥与调试：在大眼幼体入池前半个月，将培育池进行清整，塑料薄膜压牢，四周堤埂夯实，最好在木棒上缠绕草绳索进行鞭打，以防留孔漏苗，清理池内过多的淤泥，并铺设一薄层细黄沙，适时栽植水草，行距、株距应适宜，水草面积占池内总面积的30%~40%。注水时用60目筛绢过滤，注水5~10厘米，带水消毒。按放0.15千克/米²的生石灰计算，将生石灰均匀撒在池内煮透，趁热将石灰浆水泼洒于池堤四周。1天后，继续注水至50厘米，投放0.2千克/米²的熟牛粪或0.15千克/米²的发酵鸡粪，以培肥水质。为加强效果，可同时施无机肥尿素0.15~0.20千克/池，用来培肥水质，几天后，水体中的浮游生物即可达最高峰。此时下苗，可以提供部分大眼幼体喜食的活饵料，有利于大眼幼体的顺利变态。

在计划放苗的前一天，对水质进行余毒测试，以确定水中生石灰的毒性是否消失。原则上是用蟹苗试毒，实际生产上常用小野杂鱼如麦穗鱼、幼虾（青虾）等代替蟹苗，放于网袋里置于水中，12小时后取样检查，若发现野杂鱼未死亡且活动良好，说明水质较好，可以放苗。

（2）大眼幼体入池：为了预防蟹苗入池后引起应激死亡或成活率低，必须提前做好防抗应激工作和试水工作。

1）检测池水：在蟹苗放养入池前，要检测培育池塘的水质条件，包括水温、pH值、盐度、溶解氧等及饵料生物的数量，确保蟹苗入池有充足的天然饵料。放苗时，池水深度以不超过30～40厘米为宜，进水应用40目筛绢网布过滤，以免野杂鱼及敌害生物随水而入。

2）做好解毒抗应激工作：由于现在养殖水源受到的污染越来越严重，为了提高蟹苗培育的成活率，在放苗前进行解毒和抗应激是非常必要的。具体方法是在放苗前一天全池泼洒相对应的处理药物，1瓶解毒超爽+2包蟹立安+1瓶离子对钙。

3）放养的具体时间：水温低于15℃不要放苗，放苗时间宜选择在晴天的早上或傍晚。尽可能避开暴风雨天气，如果放苗后5天内有暴风雨，则应在池面水草多的地方放些芦席、草帘等遮盖物。

4）试水：蟹苗进入培育池后，不要急于下水。先将蟹苗连箱放在跳板上搁置5分钟左右，用池中的水将蟹苗全部淋一遍；10分钟后，用手泼水，再淋一遍；15分钟后，将整个蟹苗箱放入水中停2秒钟后迅速提起，抖去水分，重新搁至跳板上；再过15分钟后，再将整个蟹苗箱全部浸入水中，并倾斜蟹苗箱，如此重复2～3次，这个过程称为"试水"。待蟹苗逐步吸足水分和适应水温后，再在池面的上风处，把水草和蟹苗连箱一起倒沉池中，任其自行游入池中。

如果是用尼龙袋充氧运输的，在放苗前也要进行试水，方法是先把装蟹苗的口袋放在池水中5分钟后，再将口袋翻个身，继续放置5分钟，如此操作三四次，大约经过20分钟的试水后，再把口袋打开，轻提袋底，让口袋里的蟹苗和水一起流到培育池里。

这种试水的目的就是要尽可能使养成池的水质条件与育苗池尽量保持一致，以提高蟹苗的抗应激能力和成活率，一般要求盐度相差不超过5‰，pH值不超过0.3，温差不超过3℃。

整个蟹苗放养过程持续半小时左右，经过这种试水锻炼，蟹苗能适应培育池内的水温及水质。根据笔者试验认为，在6小时之内进入培育池的蟹苗成活率可达95%～98%（图3-6）。

图3-6 蟹苗的放养

（3）大眼幼体变态成Ⅰ期仔蟹：大眼幼体入池时需保持水深40厘米左右。为了防止外界水温的变化、惊动及骚扰，蟹苗入池后5天内（即蟹苗变态成第Ⅰ期仔蟹）不能换冲水，水温保持20℃以上，不能低于17℃；否则极易造成蜕壳不遂，导致蟹苗死亡。

在这段时间内投饵应以先期培育的浮游生物为主，水色较淡，可投喂从场方购买的冰冻丰年虫。具体投喂方法为：刚入池后的3小时内，最好不要立即投喂，一般在10小时左右投喂第一次，投喂蟹苗总重量20%的冰冻丰年虫；6小时后，再投喂蟹苗总重量15%的冰冻丰年虫，并增加投喂蟹苗总重量5%的野杂鱼糜和豆浆、蛋黄混合饵料；2天后可将冰冻丰年虫投喂总量由15%降至12%，同时增加野杂鱼糜及蛋黄、豆浆混合饵料，以后逐渐增加鱼糜的数量，Ⅰ期后可完全投喂自配的野杂鱼糜及蛋黄、豆浆混合饵料。这5天时间内，每天投饵4～6次，每次投饵量占蟹苗总重量的18%～20%，野杂鱼以麦穗鱼、野生小鲫鱼等最佳，与泡熟后的黄豆一起磨碎后加揉碎的蛋黄，用60目筛绢过滤，加水稀释成匀浆全池泼洒。鲜鱼、蛋黄与黄豆的比例为2∶1∶1。大眼幼体入池后1小时左右，大都沿着池壁呈顺时针方向或逆时针方向游动，少数栖息于水草上，此时投饵应重点将饵料兑水均匀泼洒于蟹苗游动路线上，将少数饵料洒于水草上。一般1～2天后，这种游圈现象会自动停止，陆续爬到水草上或水草底部蜕皮变态成Ⅰ期幼蟹。

在蟹苗蜕皮变态进入高峰期时，不能随意惊动，也不要随意捞苗检测，确保水温的恒定。

变态后体形由大眼幼体的龙虾形变为蟹形，游泳能力下降，攀爬能力显著上升，在水草上明显可见，体重也增加1倍；具有明显的趋光性，因此在夜间除了检查、投饵外，尽量不要开灯，否则幼蟹会群聚灯光处。无特殊情况，增氧机不能停机。

（4）从Ⅰ期仔蟹蜕壳成Ⅱ期仔蟹：此时体形更像成蟹，体色由淡黄色转变为棕黄色，爬行能力增强，具有较强的逃逸能力，整个养殖期为5~7天。

投喂主要以鲜鱼为主，鱼糜：蛋黄：黄豆＝3：1：1，投饵量每次占仔蟹总重量的15%为宜。每日投饵3~5次，由于幼蟹具有夜间摄食性，因此投喂时间、投饵量重点在17：00~21：00，占整个投饵总量的60%。在蜕壳前三天，每日饵料里添加微量蟹蜕壳素，并用0.03千克/米²的生石灰化水全池均匀泼洒。尽量开动增氧设备，2天换水1次，均在中午进行，每次加水深度为3~5厘米，换水时间不宜超过1小时，换水后池内温差应控制在3℃以下。

（5）从Ⅱ期仔蟹蜕壳成Ⅲ期仔蟹：体形进一步增大，体重相应增加，在Ⅲ期中后期可以出售，此时规格在8 000~10 000只/千克，也可以进一步培育成Ⅳ~Ⅵ期仔蟹。

日常管理重点是水质和投饵。投饵仍然以动物性饵料为主，适当增加豆浆投入量，减少蛋黄量，鲜鱼：蛋黄：豆浆＝4：1：1.5，投饵时间及投饵重点同Ⅱ期仔蟹一样，投饵量减少15%。在蜕壳前3天，仍用0.03千克/米²的生石灰水泼洒，添加部分钙片和蟹蜕壳素。增氧设施在中午可以停机数小时，结合换水，充分发挥微喷设施的增氧、调温等作用。每次换水时，先抽出5~10厘米深的水，再加入5~10厘米深的水，保持水位在80厘米左右不变。此时幼蟹生长较快，蜕壳频繁，摄食旺盛，因此对水质要求较严，水体透明度保持在35厘米左右，pH值7.2~7.8，溶氧在5.0毫克/升以上。

2.Ⅳ期以上幼蟹的培育

从大眼幼体培育成Ⅲ期仔蟹后，即进入幼蟹培育。从生产上来说，将Ⅲ期仔蟹培育成Ⅴ~Ⅵ期幼蟹，称为幼蟹培育。

（1）从Ⅲ期仔蟹培育成Ⅳ期幼蟹：进入Ⅲ期的幼蟹，由于气温迅速回升，水体增温保温性能大大加强，前期投入的饵料部分未吃完，下沉池底后积累和分解。若此时管理不善，极易造成水质恶化，致使幼蟹缺氧死亡。另外，经过几次蜕壳后的幼蟹，体形变大，体重增加了几倍，摄食量大增，此时应严格控制摄食次数，保证量足次少的投饵习惯，密切观察幼蟹吃食情况以决定饵料投喂量的增减，降低残饵对水质的影响。

进入Ⅲ期和Ⅳ期的幼蟹，每日投饵3～4次。饵料主要为野杂鱼和豆浆，野杂鱼的量约为豆浆的2倍。由于此时幼蟹喜在水草上和浅水区活动，所以投饵时在浅水区处均匀泼洒效果较好。幼蟹夜里摄食强度大，因而夜间投饵量占日投饵量的60%～70%。幼蟹具有较强的攀爬逃逸能力，特别是阴雨天、天气异常闷热、水质恶化、水中溶氧较低的时候，幼蟹最易逃逸。因而进入Ⅲ期后，需加倍注意并每日检查防逃措施的可靠性，加强值班管理。

除了投饵与防逃外，水体的交换要及时进行，每天换水量加大，先抽出1/4左右的水，再加入1/4左右的水，最好通过微喷设备进水且用80目筛绢过滤。在估计蜕壳高峰期的前三天，仍用生石灰化水均匀泼洒，并在饵料中投喂适量的蜕壳素，以促进幼蟹蜕壳（图3-7）。

图3-7 培育好的Ⅳ期幼蟹

（2）从Ⅳ期幼蟹培育成Ⅴ～Ⅵ期幼蟹：在进入Ⅴ期时，培育池内也有少部分进入Ⅵ期或Ⅶ期，当然也存在一部分Ⅳ期甚至Ⅲ期幼蟹。在这一过程中，仔幼蟹的体长、体重都有显著增长，水体的负载进一步加大，投饵量进一步增加，水质恶化的可能性也加大。可选择晴好天气中午11：00～13：00时适当分苗或直接起捕下塘或出售，减轻培育池内的负载量。

本期的日常管理重点是水质的控制和投饵，换水应坚持每日进行，每日换水量为1/3，加大豆浆的比例，因为豆浆具有澄清水体的作用，可以缓冲水体水质恶化的压力。野杂鱼与豆浆比例为1∶1，日投饵2~3次。除蜕壳前三天泼洒一次生石灰浆水外，中途也可全池泼洒生石灰乳浆，以杀灭水中部分病菌并改善水质，同时增加水中钙离子含量，促进蜕壳。由于水的温度高而且持续时间长，部分育苗户的池内有大量青苔，青苔不仅吸收水体中的营养，更重要的是它会缠绕幼蟹，使幼蟹无法活动而造成死亡，因此除去青苔是很有必要的。千万不能在池内用高浓度硫酸铜杀灭青苔，因为高浓度硫酸铜会对幼蟹造成伤害，不少育苗户用0.7~1毫克/升的硫酸铜杀灭青苔，结果幼蟹全池死光。此时主要靠人工捞取法除去青苔，并结合换水草彻底除去。由于育苗后期聚草、芜萍等水草在高温作用下，枝叶易腐烂，影响水质，需及时捞出，重新放置新鲜水草。在换入新鲜水草时，应将水草用硫酸铜溶液彻底消毒，以杀灭青苔。用硫酸铜溶液浸泡过的水草需用清水漂洗后方可入池；也可以用草木灰覆盖水草以杀死青苔。

现在市场上已经有仔幼蟹培育专用饵料，这种饵料具有用量少、蛋白质含量高、对水质净化作用好且不易使蟹生病的优点，因此刚一问世便广受欢迎。

第五节　幼蟹的出池与运输

一、幼蟹的捕捞

在Ⅲ~Ⅳ期幼蟹蜕壳高峰期后3天，可以起捕幼蟹出池，随时供应给客户。捕捉前先将池水抽去一半，拔走池内水草，另外放入水花生，将水花生捆扎成直径约30厘米、长约50厘米的草把，每池投入20~40个。捕捞时宜选择晴好天气的上午或傍晚进行，捕捞前2小时，不用投饲饵料。在捕捞时，用长柄捞海（抄网）贴近水花生底部，用手将水花生抖一下即可，幼蟹就可全部进入捞海内，再将水花生放入蟹池中进行诱捕。如此反复3~4次，即可将培育池内的幼蟹捕捞出90%~95%，剩下的幼蟹需干池捕捉，放干或抽干池水，幼蟹会顺着水流方向汇集在一端，可徒手捕捉，如此反复3次，即可捕捞干净。

也有的养殖户，在幼蟹进入Ⅴ~Ⅵ期时蜕壳后3~4天，用地笼捕捉，因为此时幼蟹个体较大，水温渐渐升高，幼蟹的活动能力和主动摄食能力大大增强，改用地笼捕捉也可以收到较好的效果；也有的养殖户用集蟹箱收集。上述几种方法，无论采用哪种方式进行捕捉，都必须注意以下几点：一是须将池水抽去1/2～2/3，使幼蟹尽可能集中；二是更换水草时，需去除水草根须部分，在生产实践中发现，不少幼蟹隐藏在水草丛中的须茎中难以捕捞；三是在捕捞过程中，最好造成微流水状态；四是无一例外最后要干池捕捉，但尽可能减少干池捕捉的幼蟹比例，减少人为损伤和机械损伤。

二、幼蟹的暂养

捕捞的幼蟹，放入网箱中暂养1～2小时。网箱大小视幼蟹数目而定，箱顶反向延伸50厘米的塑料薄膜以防幼蟹逃逸，箱内放入一些水花生以供幼蟹栖息。特别是干池捕捉时，速度要快，动作要轻，否则幼蟹会因鳃部呛入污水造成呼吸困难而死亡，捕捉的幼蟹立即放入清水中暂养在网箱内，若是微流水则更佳。

三、幼蟹的运输

幼蟹起捕出池，经暂养2小时后即可运输。幼蟹离水后的生命力远比蟹苗强，运输幼蟹比蟹苗方便。但幼蟹的活动能力很强，爬行迅速，装运时应做到轻快，严禁倾倒，以免蟹体受伤或断足。运输时应注意以下几点：

（1）尽快运输，减少中途周转环节，一般用汽车运载为多。在运输时可用专用的小网兜来装幼蟹，每兜可装5千克左右。然后将这些网兜装在蟹苗箱或小竹篓内进行运输，每篓15～20千克。也可以用草包盛蟹，套塑料编结袋子，外用四角竹撑的筏篓套装，以增加叠装时的抗压强度，每篓装蟹种200千克，加木板盖，叠装不超过4层，上下左右靠紧，汽车运输用大油布覆盖包扎。也有一些幼蟹培育单位，由于短时间内捕捞的幼蟹较多，因此在装运时采用网袋装运，但是一定要注意装运密度，更要注意不能堆积挤压；否则这种幼蟹的伤亡率非常高，主要体现在附肢折断较多。

（2）防止逃逸。不论采用何种容器贮存，均应用网罩或绳索扎好袋口，以不逃幼蟹为准。

（3）保持蟹体潮湿，这是延长幼蟹生命力的关键。在存放幼蟹的工具下面，放一层1~2厘米厚的无毒泡沫，吸上部分水，幼蟹放进后，每隔4小时喷洒一次水，防止干放时间过长，造成胃囊和鳃失水过多而死亡。简便的方法是在装运幼蟹的工具里面铺设一层水花生，幼蟹放进后会迅速钻入水花生中，保持身体的湿润。

（4）运输前应将幼蟹放在清水里漂洗一下，不要投喂饵料，以减少运输途中的死亡率。尽量减少幼蟹的活动量，以降低其能量消耗，可在装蟹的工具上面盖上草包（潮湿的），保持黑暗的环境。

（5）幼蟹存放不能挤压。幼蟹多时，可分散装在预先准备好的运载工具内，不能堆积重压，防止幼蟹受伤或步足折断，从而影响成活率（图3-8）。

图3-8　这样堆积运输幼蟹是不对的

（6）进入Ⅴ~Ⅵ期的幼蟹起捕时，气温已经回升，幼蟹活动量大增，代谢能力增强，若起捕后不能立即运输，应用双层40目的筛绢结成的网袋装好暂养，运输时再取出，这样可以保持幼蟹的新鲜活跃和水分充足。

（7）最好在傍晚5：00至早上8：00这段时间内运输，运输时最好有湿润的外部环境和微风增氧条件，这样可以避免因白天日光直射，幼蟹鳃部水分蒸发而死亡。

第四章　池塘精养河蟹

　　河蟹的池塘养殖是目前比较成功且效益较稳定的一种养殖模式，在池塘中的养殖也可以分为专养、套养、混养、轮养等多种类型。不同的类型所要求的池塘条件略有不同，掌握技术难易程度也不一样，产生的经济效益差别很大。

　　对于池塘精养河蟹来说，要想取得很好的经济效益，必须做好各个方面的工作。这些工作主要包括科学投放蟹种、科学混养其他鱼类、科学投喂配合饲料、科学防逃、科学管理水质、科学防治疾病、科学捕捞等内容。

第一节　养蟹池的条件与处理

一、蟹池选择

　　养蟹池应选择建在靠近水源，灌、排水均十分方便的地方，要求水质良好，符合养殖用水标准，无污染，池底平坦，底质以壤土为好，池坡土质较硬，底部淤泥层不超过10厘米，池塘保水性好。池埂顶宽2.5米以上，池塘水面不宜过大，以5～50亩为宜，长方形，水深1～1.5米。面积太小，水温变化快，不利于河蟹在相对稳定的环境里生长。连片养殖区进排水渠要分开，以免发病时交叉感染。环境安静，远离村庄和公路。

二、进排水系统

　　大面积连片蟹池的进排水总渠应分开，按照高灌低排的格局，建好进排水渠，做到灌得进，排得出，定期对进排水总渠进行整修消毒。池塘的进排水口应用双层密网防逃，同时也能有效地防止蛙卵、野杂鱼卵及幼体进入池塘危害蜕壳蟹；为了防止夏天雨季冲毁堤埂，可以开设一个溢水口，溢水口也用双层密网过滤，防止河蟹趁机顶水逃走。

三、蟹池改造

对于面积20亩以下的河蟹池，应改平底型为环沟型或井字型。对于面积20亩以上的蟹池，应改平底型为交错沟型。沟的面积占蟹池总面积的30%～35%，沟处可保持水深1.2～1.5米，沟底向出水口倾斜，平滩处可保持水深0.5～0.8米。加大池埂坡比，池埂坡比1∶（2.5～3）为宜，缓坡河蟹不易打洞。这些池塘改造工作应结合年底清塘清淤时一起进行（图4-1）。

图4-1　改造好的蟹池

四、蟹池清整

池塘是河蟹生活的地方，池塘的环境条件直接影响到河蟹的生长、发育。

1.池塘清整的好处　定期对池塘进行清整，有三个好处：一是通过清整池塘能杀灭水中和底泥中的各种病原菌、细菌、寄生虫等，减少河蟹疾病的发生概率；二是可以杀灭对幼蟹有害的生物如蛇、鼠和水生昆虫，争食的野杂鱼类如鲶鱼、泥鳅、乌鳢及一些致病菌；三是通过清整后，可以将池塘的淤泥清理出来，一方面是加固池埂，另一方面还可以利用填在池埂上的淤泥种植苏丹草、黑麦草等绿色青饲料，解决河蟹的饲料来源问题。

2.池塘清整时间　最好是在春节前的深冬进行，可以选择冬季的晴天来清整池塘，以便有足够的时间进行池底的曝晒。

3.池塘清整方法　新开挖的池塘要平整塘底，清整塘埂，使池底和池壁有良好的保水性能，尽可能减少池水的渗漏。

旧塘要在河蟹起捕后先将池塘里的水排干净，注意保留塘边的杂草，然后将池底在阳光下曝晒1周左右，等池底出现龟裂时，可挖去过多的淤泥，用塘泥来加固池埂，修补裂缝，并用铁锹或木槌打实，防止渗水、漏水，为下一年的池塘注水和放养前的清塘消毒做好准备（图4-2、图4-3）。

图4-2　旧蟹池的曝晒

图4-3　对旧蟹池的淤泥清理

五、池塘消毒

清塘消毒至关重要，清塘的目的是为消除养殖隐患，是健康养殖的基础工作，对种苗的成活率和生长健康起着关键性的作用。清塘消毒的药物选择和使用方法如下：

1.生石灰清塘　生石灰也就是我们所说的石灰膏，是砌房造屋的必备原料之一，来源非常广泛，而且价格低廉，生石灰清塘是目前能用于消毒清塘的最有效的方法。它的缺点就是用量较大，使用时占用的劳动力较多，而且生石灰有严重的腐蚀性，操作不慎，会对人的皮肤等造成一定伤害，因此在使用时要小心操作。

生石灰清塘可分为干法清塘和带水清塘两种方法。通常都是使用干法清塘，在水源不方便或无法排干水的池塘才用带水清塘法。

（1）干法清塘：在蟹种放养前20～30天，排出池水，保留水深5厘米左右，在池底四周和中间多选几个点，挖成一个个小坑，小坑的面积约2平方米即可，将生石灰倒入小坑内，用量为每亩池塘用生石灰40千克左右，加水后生石灰会立即溶化成石灰浆水，同时会放出大量的烟气和发出咕嘟咕嘟的声音，这时要趁热向四周均匀泼洒，边缘和鱼池中心及洞穴都要泼洒到。为了提高消毒效果，第二天可用铁耙再将池底淤泥耙动一下，使石灰浆和淤泥充分混合，否则泥鳅、乌鳢和黄鳝钻入泥中杀不死。然后再经3~5天晒塘后，灌入新水，经试水确认无毒后，就可以投放蟹种了（图4-4）。

图4-4 干法清塘

（2）带水清塘：对于那些排水不方便或者是为了赶时间时，可采用带水清塘的方法。这种消毒措施速度快，效果也好。缺点是石灰用量较多。

幼蟹投放前15天，每亩水面水深50厘米时，将生石灰150千克放入大木盆、小木船、塑料桶等容器中化开成石灰浆，操作人员穿防水裤下水，将石灰浆全池均匀泼洒（包括池坡），蟹沟处用耙翻一次。用带水法清塘虽然工作量大一点，但它的效果很好，可以把石灰水直接灌进池埂边的鼠洞、蛇洞、泥鳅洞和鳝洞里，能彻底地杀死病害（图4-5）。

图4-5 带水清塘

2.漂白粉清塘 和生石灰消毒一样，漂白粉消毒也有干法消毒和带水消毒两种方式。

（1）带水消毒：漂白粉用量要根据池塘水量的多少决定，防止用量过大把塘内螺蛳杀死。

在用漂白粉带水清塘时，要求水深0.5～1米，漂白粉的用量为每亩池面10～15千克，在木桶或瓷盆内加水将漂白粉完全溶化后，全池均匀泼洒；也可将漂白粉顺风撒入水中即可，然后划动池水，使药物分布均匀。一般用漂白粉清池消毒后3～5天即可注入新水和施肥，再过两三天后，就可投放河蟹进行饲养。

（2）干法消毒：在漂白粉干塘消毒时，用量为每亩池面5～10千克，使用时先用木桶加水将漂白粉完全溶化后，全池均匀泼洒即可。

3.漂白精消毒 干法消毒时，可排干池水，每亩用有效氯占60%～70%的漂白精2～2.5千克。带水消毒时，每亩每米水深用有效氯占60%～70%的漂白精6～7千克，使用时，先将漂白精放入木盆或搪瓷盆内，加水稀释后进行全池均匀泼洒。

4.茶粕清塘 茶粕是广东、广西常用的清塘药物。它是山茶科植物油茶、茶梅或广宁茶的果实榨油后所剩余的渣滓，形状与菜饼相似，又叫茶籽饼。茶粕含皂苷，皂苷是一种溶血性毒素，能溶化动物的红细胞而使其死亡。水深1米时，每亩用茶粕25千克。将茶粕捣碎成小块，放入容器中加热水浸泡一昼夜，然后加水稀释后连渣带汁全池均匀泼洒。在消毒10天后，毒性基本上消失，可以投放幼蟹进行养殖。

需注意的是，在选择茶粕时，尽可能地选择黑中带红、有刺激性、很脆的优质茶粕，这种茶粕的药性大，消毒效果好。

5.生石灰和茶碱混合清塘 此法适合池塘进水后用，把生石灰和茶碱放进水中溶解后，全池泼洒，生石灰每亩用量50千克，茶碱10～15千克。

6.鱼藤酮清塘 鱼藤酮又名鱼藤精，是从豆科植物鱼藤及毛鱼藤的根皮中提取的，能溶解于有机溶剂，对害虫有触杀和胃毒作用，对鱼类有剧毒。使用含量为7.5%的鱼藤酮的原液，水深1米时，每亩使用700毫升，加水稀释后装入喷雾器中遍池喷洒。能杀灭几乎所有的敌害鱼类和部分水生昆虫，对浮游生物、致病细菌和寄生虫没有什么作用。效果比前几种药物差一些，毒性7天左右消失，这时就可以投放幼蟹了。

7.巴豆清塘 巴豆是江浙一带常用的清塘药物，近年来已很少使用，而被生石灰等取代。巴豆是大戟科植物的果实，所含的巴豆素是一种凝血性毒素，只能杀死大部分敌害杂鱼，能使鱼类的血液凝固而死亡。对致病菌、寄生虫、水生昆虫等没有杀灭作用，也没有改善土壤的作用。

在水深10厘米时，每亩用5～7千克。将巴豆捣碎磨细装入罐中，也可以浸水磨碎成糊状装进酒坛，加烧酒100克或用3%的食盐水密封浸泡2～3天，用池水将巴豆稀释后连渣带汁全池均匀泼洒。10～15天后，再注水1米深，待药性彻底消失后放养幼蟹。

8.氨水清塘　氨水是一种挥发性的液体，一般含氮12.5%～20%，是一种碱性物质，泼洒到池塘里能迅速杀死水中的鱼类和大多数的水生昆虫。使用方法是在水深10厘米时，每亩用量60千克。在使用时要同时加3倍左右的塘泥，目的是减少氨水的挥发，防止药性消失过快。一般是在使用1周后药性基本消失，这时就可以放养幼蟹了。

9.二氧化氯清塘　二氧化氯消毒是近年来才渐渐被养殖户所接受的一种消毒方式，它的消毒方法是先引入水源后再用二氧化氯消毒，水深1米每亩用量为10～20千克，7～10天后放苗。该方法能有效杀死浮游生物、野杂鱼虾类等，防止蓝绿藻大量滋生。放苗之前一定要试水，确定安全后才可放苗。值得注意的是，由于二氧化氯具有较强的氧化性，加上它易爆炸，容易发生事故，因此在贮存和消毒时一定要做好安全工作。

药物清塘时的注意事项　在养殖河蟹时，经过清整的蟹池，能改善水体的生态环境，提高苗种的成活率，增加产量，提高经济效益。无论采用哪种消毒剂和消毒方式，都要注意以下几点：一是清塘消毒的时间要恰当，不要太早也不宜过迟，一般在河蟹下塘前10～15天进行比较合适。如果过早清塘，待加水后河蟹却没有下塘，这时池塘里又会产生杂鱼、虫害等；而过迟消毒时，药物的毒性还没有完全消失，这时河蟹苗种已经到了池塘边，如果立即放苗，很有可能对河蟹苗种有毒害作用，从而影响它们的生长。二是在河蟹苗种下塘前必须进行试水，试水就是测试水体中是否还有毒性，这在水产养殖中是经常应用的一项小技巧。因蟹种比较金贵也比较娇嫩，因此试水工作就显得尤为重要了。试水的方法是在消毒后的池子里放一只小网箱，在预计毒性已经消失的时间，向小网箱中放入40只蟹种，如果在24小时内，网箱里的蟹种既没有死亡也没有任何其他的不适反应，说明消毒剂毒性已经全部消失，这时就可以大量放养蟹种了。如果24小时内仍然有试水的蟹种死亡，说明毒性还没有完全消失，这时可以再次换水1/3～1/2，然后过1～2天再试水，直到完全安全后才能放养蟹种。后文的药剂消毒性能的试水方法与前述方法是一样的。三是为了提高药物清塘的效果，建议选择在晴天的中午进行药物清塘，而在其他时间尽量不要清塘，尤其是阴雨天更不要清塘。

六、防逃设施的准备与安装

河蟹的逃逸能力比较强，一般来讲，河蟹逃跑有四个特点：一是生殖洄游时容易引起大量逃逸。在每年的"霜降"前后，生长在各种水域中的河蟹，都要千方百计逃逸。二是由于生活和生态环境改变而引起大量逃跑。河蟹对新环境不适应，就会逃跑，通常持续1周的时间，以前3天最多。三是水质恶化迫使河蟹寻找适宜的水域环境而逃走。有时天气突然变化，特别是在风雨交加时，河蟹就想法逃逸。四是在饵料严重匮乏时，河蟹也会逃跑。因此我们建议在河蟹放养前一定要做好防逃设施。

防逃设施有多种，常用的有两种，第一种是安插高45厘米的硬质钙塑板作为防逃板，埋入田埂泥土中约15厘米，每隔100厘米处用一根木桩固定。注意四角应做成弧形，防止河蟹沿夹角攀爬外逃（图4-6）。第二种防逃设施是采用麻布网片或尼龙网片或有机纱窗和硬质塑料薄膜共同防逃（图4-7），用高50厘米的有机纱窗围在池埂四周，用质量好的直径为4～5毫米的聚乙烯绳作为上纲，缝在网布的上缘，缝制时纲绳必须拉紧，针线从纲绳中穿过。然后选取长度为1.5～1.8米的木桩或毛竹，削掉毛刺，打入泥土中的一端削成锥形，或锯成斜口，沿池埂将桩打入土中50～60厘米，桩间距3米左右，并使桩与桩之间呈直线排列，池塘拐角处呈圆弧形。将网的上纲固定在木桩上，使网高不低于40厘米，然后在网上部距顶端10厘米处再缝上一条宽25厘米的硬质塑料薄膜即可，针距以小蟹逃不出为准，针线需拉紧。

图 4-6　钙塑板防逃

图 4-7　联合防逃

第二节　肥水培藻

一、肥水培藻的重要性

肥水培藻是河蟹养殖中的一个新技术，随着河蟹养殖技术的日益发展，越来越受到人们的重视。肥水培藻是河蟹养殖过程中的一个至关重要的环节，这环节做得好坏不仅关系到蟹种的成活率、蟹种的健康状况，而且还关系到养殖过程中河蟹的抗应激和抗病害的能力及河蟹回捕率的高低，更关系到养殖产量乃至养殖成败。

肥水培藻就是通过向池塘里施加基肥的方法来培育有益的藻相。良好的藻相具有三个方面的作用：一是有益藻群能吸收水体环境中的有害物质，起到净化水体的效果；二是有益藻群可以通过光合作用，吸收水体内的二氧化碳，同时向水体里释放出大量的溶解氧，据测试，水体中70%左右的氧是有益藻类等水草产生的；三是有益藻类自身或者是以有益藻类为食的浮游动物，它们都是蟹种喜食的天然优质饵料。

生产实践表明，水质和藻相的好坏，会直接关系到河蟹对生存环境的应激反应。例如，河蟹生活在水质爽活、藻相稳定的水体中，水体里面的溶氧和pH值通常是正常稳定的，而且在检测时，会发现水体中的氨氮、硫化氢、亚硝酸盐、甲烷、重金属等一般不会超标，河蟹在这种环境里才能健康生长，才能实现养大蟹、养好蟹、养优质蟹的目的。反之，如果水体里的水质条件差，藻相不稳定，那么水中有毒有害的物质就会明显增加，同时水体中的溶解氧偏低，pH值不稳定，直接导致河蟹容易应激生病。

二、培育优良的水质和藻相的方法

培育优良的水质和藻相的方法的关键是施足基肥，如果基肥不施足，肥力就不够，营养供不上，藻相活力弱，新陈代谢的功能低下，水质容易清瘦，不利于蟹苗、蟹种的健康生长。这是近几年来很多成功的养殖户用自己的辛苦钱摸索出来的经验。

现在市场上对于河蟹养殖时培育水质的肥料用的都是生物肥或有机肥或专用培藻膏，各个生产厂家的肥料名称各异，但是培肥的效果却有很大差别。本书介绍的一些肥料和药品是一部分目前在市场上比较实用有效的专用水产化肥和用于河蟹养殖的药品。本书作者并没有专门为这些公司生产的药物和肥料做广告的义务和想法，如果各地有其他类似的药物，也可以采用。具体的用法和用量请见说明书，如不按操作规则和药物使用量使用，造成的后果与我们无关，作者特在此申明。例如，可采用1包酵素钙肥+1桶六抗培藻膏+1包特力钙混合加水后，全池泼洒，可泼洒8～10亩。2天后，用粉剂活菌王来稳定水色，具体使用量为1包，可肥水1～2亩。

勤施追肥保住水色是培育优良水质和藻相的重要技巧，可在投种后1个月的时间里勤施追肥，追肥可使用市售的专用肥水膏和培藻膏。具体用量和用法为：前10天，每3～5天追一次肥；后20天，每7～10天追一次肥，在施肥时讲究少量多次的原则。这样做既可保证藻相营养的供给，也可避免过量施肥造成浪费，或者导致施肥太猛，水质过浓，不便管理。在生产上，追肥通常采用六抗培藻膏或藻幸福追肥，每8～10亩用1桶六抗培藻膏，每6~8亩用1桶藻幸福，然后用黑金神和粉剂活菌王维持水色，每8~10亩用1包黑金神

图4-8　这样的水质就需要及时肥水培藻

配合2包粉剂活菌王，浸泡后使用（图4-8）。

三、肥水培藻的几个难点和对策

我们在为养殖户进行"科技入户"服务时，在指导他们运用施基肥来肥水培藻时，经常会遇到养蟹池里肥水困难或水肥不起来的情况，经过认真的分析、比较、研究和判断后，我们总结了十一种极易导致肥水培藻效果不佳的情况。

1.低温寡照时，肥水培藻效果不好　这种情况主要发生在早春时节，河蟹养殖刚刚开始进入生产期的时候通常会发生。由于气温低，导致池塘里的水温低，加上早春的自然光照弱，另外在冬闲季节清塘消毒的空塘时间过长，这些因素叠加在一起，共同起作用时，导致蟹池里的清塘药残难以消除，水体中有机质缺乏，会对肥水培藻产生不利影响。

池塘水温太低时施肥效果不明显，已经成为一个共识，除了上述原因外，还有两方面的原因：一方面，当水温太低时，藻类的活性受到抑制，它们的生长发育也受到抑制，这时候如果采用单一无机肥或有机无机复混肥来肥水培藻，不会有太明显的效果。另一方面，在水温太低时，池塘里刚施放进去的肥料养分易受絮凝作用，向下沉入塘底；由于底泥中刚刚被清淤消毒过，底层中的有机质缺乏，导致这些刚刚到达底层中的养分易渗漏流失，有的养分结晶于底泥中，水表层的藻类很难吸收到养分，所以肥水培藻很困难。

采取的对策：

（1）解毒：用生产厂家的净水药剂来解毒，使用量请参照说明书。在早期低温时用量可适当加大10%，常见的有净水王等，参考用量为每瓶3～5亩。

（2）及时施足基肥：在解毒后第2天就可以施基肥了，这时的基肥与常规的农家肥是有区别的，它是一种速效的生化肥料，按5～8亩将1包酵素钙肥和2瓶藻激活配合1桶六抗培藻膏使用，也可以配合使用其他生产厂家的相应肥料。

（3）勤施追肥：在肥水3天后，就开始施用追肥，由于水温低，肥水难度大，用常规的施肥养鱼技术来肥水很难见效。这时的施肥是专用的生化追肥，可参考各生产厂家的药品和用量。这里举一个市场上常使用的配方：按8～10亩将1包卓越黑金神和2瓶藻激活配合1桶藻幸福或者1桶六抗培藻膏追肥。

值得注意的是，采用这种技术来施肥，虽然成本略高，但肥水和稳定水色的效果明显，有利于早期河蟹的健康养殖，为将来的养殖生产打下坚实的基础。

2.水体中的重金属含量超标，影响肥水效果　水体中的常规重金属超标，可以通过水质测试剂检测出来。这些过多的重金属可以与肥料中的养分结合并沉积在池底，从而造成肥水培藻的效果不好。

采取的对策：

（1）立即解毒：用生产厂家的净水药剂来解毒。

（2）施足基肥：在解毒后第2天就可以施基肥了，可以配合使用生产厂家的相应专用生化肥料，具体的使用配方可请教相关技术人员。

（3）勤施追肥：在肥水3天后开始施用追肥，追施专用的生化追肥，可参考各生产厂家的药品和用量。

3.水体里的亚硝酸盐偏高，会影响肥水培藻的效果　水体里的亚硝酸盐偏高是可以用水质测试仪快速测定出来的，测试简单方便。

采取的对策：

（1）立即降低水体里的亚硝酸盐含量，既可用化学药剂快速下降，也可配合用生物制剂一起来降低亚硝酸盐。这里举一个目前常用的药物及用法：将亚硝快克与六抗培藻膏加10倍水混合浸泡3小时左右全池泼洒,每亩水面1米水深用亚硝快克1包加六抗培藻膏1千克。

（2）施基肥：在施用降低亚硝酸盐药物的第2天开始施加基肥，也是用的生化肥料。可按5～8亩将1包酵素钙肥和2瓶藻激活加1桶六抗培藻膏加水混合全池均匀泼洒。

（3）追施肥：在用基肥肥水3～4天后，开始施追肥，可参考各地销售的肥料。例如，用卓越黑金神浸泡后配合藻激活、藻幸福或者六抗培藻膏追肥并稳定水色。

4.pH值过高或过低时，也会影响水体肥水培藻效果　采取的对策：

（1）调整pH值：当pH值偏高时，用生化产品将pH值及时降下来。例如，可按6~8亩计算施用药品，将六抗培藻膏1桶、净水王2瓶、红糖2.5千克混在一起降pH值；当pH值偏低时，直接用生石灰兑水后趁热全池泼洒来调高pH值，石灰的用量根据pH值的情况酌情而定，一般用量为8~15千克/亩。待pH值调至7.8以下，施基肥和追施肥。

（2）施足基肥：待pH值调至7.8以下时（最好能到7.5）就可以施基肥了，也是用生化肥料，按5~8亩将1包酵素钙肥和2瓶藻激活配合1桶六抗培藻膏使用，也可以配合使用其他生产厂家的相应肥料。

（3）勤施追肥：在肥水3天后，就开始施用生化追肥，可参考各生产厂家的药品和用量。这里举一个市场上常使用的配方，按8~10亩将1包卓越黑金神和2瓶藻激活配合1桶藻幸福或者1桶六抗培藻膏追肥。

5.消毒药的残留过大，影响肥水效果 这是在早期对河蟹池塘进行消毒时，消毒药剂量过大，造成池塘里的水虽换过两三次了，但是仍然有一定的毒性残余，这时肥水效果就差。

采取的对策：

（1）曝晒：在河蟹池塘消毒清塘后，如果发现池塘里还有残余药物时，就要排干池塘里的水，再适当延长空塘曝晒时间，一般为1周左右，然后再进水。

（2）及时解毒，可用各种市售的鱼塘专用解毒剂来进行解毒，用量和用法请参考说明。

（3）及时施用基肥和施用追肥，施用方法均同第一种情况下的用法。

6.用深井水做水源时，对肥水培藻有一定的影响 这在河蟹精养区里经常发生，主要是在这一养殖区内，由于水源的进排水系统并不完善，造成了水源已经受到了一定程度的污染，许多养殖户就自己打了自备深井水作为养殖水源。这种深井水虽然避免了养殖区里的相互交叉感染，但是这种水源缺少氧气，却富含矿物质，对肥水培藻有一定的影响。

采取的对策：

（1）曝气增氧：在池塘进水后，开启增氧机曝气3天，来增加池塘水体里的溶解氧。

（2）解除重金属：用特定的药品来解除重金属，用量和用法请参考使用说明。如用净水王解除重金属，每瓶2～3亩。

（3）引进新水：在解除重金属3小时后，引进5厘米深的含藻新水。

（4）及时施用基肥和施用追肥，施用方法均同第一种情况下的用法。

7.引用水源不当，主要是引用了已经受污染的水源，直接影响肥水效果 这种情况主要发生在两种地方，一种是靠近工业区的养殖池，附近的水源已经被工业排出的废水污染了；另一种就是在高产养殖区，由于用水是共同的途径，有的养殖户不小心或者是无意间将池塘里的养殖水源直接排进了进水渠道，结果导致养殖小区里相互污染。

采取的对策：

（1）解毒：用特定的药品来解毒，用量和用法请参考使用说明。

（2）引进新水：在解毒3小时后，引进5厘米深的含藻新水。

（3）及时施用基肥和施用追肥，施用方法均同前文。

8.底质老化，底部的矿物质和微量元素缺乏，影响肥水效果 这种情况主要发生在常年养殖而且没有很好地清淤修整的池塘，导致池塘里的底质老化，有利于藻类生长发育的矿物质和微量元素缺乏，而对藻类生长有抑制作用的矿物质却大量存在，当然肥水效果就不好。

采取的对策：

（1）解毒：用特定的药品来解毒，用量和用法请参考使用说明。如可用解毒超爽或净水王解毒，每瓶3～4亩。

（2）及时施用基肥和施用追肥，施用方法均同前文。

9.池塘浑浊，影响肥水培藻的效果 这种情况发生的原因很多，发生的季节和时间也很多，尤其是在大雨后的初夏时节更易发生。主要表现是池塘里白浪滔天，池水严重浑浊，水体中的有益藻类严重缺乏，这时候施肥效果几乎没有。

采取的对策：

（1）解毒：用特定的药品来解毒，用量和用法请参考使用说明。

（2）引进新水：在解毒3小时后，引进5厘米深的含藻新水。

（3）及时施用基肥和施用追肥，施用方法均同前文。

值得注意的是，发生这种情况时，施肥最好在晴天的上午10时左右进行。

10.塘底有青苔、泥皮、丝状藻，影响肥水效果 这种情况几乎发生在河蟹的整个生长期，尤其是以早春的青苔和初秋的泥皮最为严重。

采取的对策：

（1）灭青苔、泥皮、丝状藻：如果发现塘底青苔和丝状藻太多，可先人工打捞干净，然后再采取生化药品来处理，既安全，效果又明显。不要直接用硫酸铜等化学药品来消除青苔和丝状藻，这是因为化学物品虽然对青苔和丝状藻及泥皮清除效果明显，但是对蟹种会产生严重的药害，另外硫酸铜等化学物品对肥水不利，也对已栽的水草不利。生化药品的用量和用法请参考使用说明，各地均有销售。这里介绍一种使用较多的一例，仅供参考：先将黑金神配合粉剂活菌王加藻健康(无须加红糖)混合浸泡3～12小时后全池均匀泼洒，生化药品的用量是1包黑金神加2包粉剂活菌王，可用于3～5亩的水面（图4-9）。

图4-9 有青苔的蟹池需要肥水培藻

（2）及时施用基肥和施用追肥，施用方法均同前文。

11.在新塘里肥水培藻效果不理想 这种情况发生在刚刚开挖还没有养殖的新塘里，由于是刚开挖的池塘，底池基本上是一片黄土或白板泥，没有任何淤泥，水体中少有藻类和有机质，因此用常规的方法和剂量来肥水培藻效果肯定不理想。

采取的对策：

（1）引进藻源：引进3～5厘米深的含藻种的水源，也可以直接购买市售的藻种，经过活化后投放到池塘里，用量可增加10%左右。

（2）促进有益藻群的生长：可泼洒特定的生化药品来促进有益藻群的生长，用量和用法请参考使用说明。这里介绍一例，仅供参考：黑金神1包、粉剂活菌王2包、藻健康1包加水混合浸泡，可以泼洒3～5亩。

（3）及时施用基肥和施用追肥，施用方法均同前文。

第三节　种草养螺

一、水草对于河蟹养殖的重要性

"蟹多少，看水草"。水草是河蟹隐蔽、栖息、蜕壳生长的理想场所，水草也能净化水质，减低水体的肥度，对提高水体透明度，促使水环境清新有重要作用。同时，在养殖过程中，投喂饲料不足时，水草也可作为河蟹的部分饲料。在实际养殖中，我们发现种植水草能有

图4-10　蟹池里必须有水草

效提高河蟹的成活率、养殖产量和产出优质商品河蟹（图4-10）。

二、池塘里水草的种植技术

河蟹喜欢的水草种类有伊乐藻、苦草、眼子菜、轮叶黑藻、金鱼藻、凤眼莲、水浮莲和水花生等，还有一些陆生的草类。水草的种植根据不同情况会有一定的差异，一是沿池四周浅水处10%～20%的面积种植水草，既可供河蟹摄食，同时为蟹提供了隐蔽、栖息的理想场所，也是河蟹蜕壳的良好地方；二是在池塘中央可提前栽培伊乐藻或菹草；三是移植水花生或凤眼莲到水中央；四是临时放草把，把水草

扎成1平方米左右的团，用绳子和石块固定在水底或浮在水面，每亩可放25处左右，也可用草筐把水花生、空心菜、水浮莲等固定在水中央。但所有的水草总面积要控制好，一般在池塘种植水草的面积以不超过池塘总面积的2/3为宜；否则会因水草过度茂盛，在夜间使池水缺氧而影响河蟹的正常生长。

三、蟹池中放养螺蛳的作用

螺蛳是河蟹很重要的动物性饵料，螺蛳的价格较低，来源广泛，全国各地几乎所有的水域中都会自然生存大量的螺蛳。向蟹池中投放螺蛳，一方面可以改善、净化池塘底质，另一方面可以补充动物性饵料，具有明显降低养殖成本、增加产量、改善河蟹品质的作用。

螺蛳不但稚嫩鲜美，而且营养丰富，利用率较高，是河蟹最喜食的理想优质鲜活动物性饵料。据测定，鲜螺体中含干物质5.2%，干物质中含粗蛋白55.35%、灰分15.42%，其中含钙5.22%、磷0.42%、盐分4.56%，含有赖氨酸2.84%、蛋氨酸和胱氨酸2.33%，同时还含有丰富的B族维生素和矿物质等营养物质。此外螺蛳壳中除含有少量蛋白质外，其矿物质含量高达88%，其中含钙37%、钠盐4%、磷0.3%，同时还含有多种微量元素。所以在饲养过程中，螺蛳能为河蟹的整个生长过程提供源源不断的、适口的、富含活性蛋白和多种活性物质的天然饵料，促进河蟹快速生长，提高成蟹上市规格；同时螺蛳壳能提供大量的钙质，对促进河蟹的蜕壳能起到很大的辅助作用。

在河蟹养殖池中，适时适量投放活的螺蛳，利用螺蛳自身繁殖力强、繁殖周期短的优势，任其在池塘里自然繁殖，在河蟹池塘里大量繁殖的螺蛳以吃食浮游动物残体和细菌、腐屑等为食，因此能有效地降低池塘中浮游生物含量，可以起到净化水质、维护水质清新的作用（图4-11）。

四、螺蛳的选择

螺蛳可以在市场上直接购

图4-11 蟹池螺蛳具有清爽水质的作用

买，而且每年在养殖区里都会有专门贩卖螺蛳的商户，但是对于条件许可、劳动力丰富的养殖户，我们建议最好是自己到沟渠、鱼塘、河流里捕捞，既方便又节约资金，更重要的是从市场上购买的螺蛳不新鲜，活动能力弱。

如果是购买的螺蛳，要认真挑选，要注意选择优质的螺蛳，可以从以下几点来选择。

第一是要选择螺色青淡、壳薄肉多、个体大、外形圆、螺壳无破损、厣片完整的螺蛳。

第二是要选择活力强的螺蛳，可以用手或其他东西测试一下，如果受惊时螺体能快速收回壳中，同时厣片能有力地紧盖螺口，那么就是好的螺蛳，反之则不宜选购。

第三是要选择健康的螺蛳，螺蛳是虫体、病菌或病毒的携带和传播者，因此，保健养螺又是健康养蟹的关键所在。螺体内最好没有蚂蟥（也就是水蛭）等寄生虫寄生，另外购买螺蛳，要避开血吸虫病易感染地区，如江西省进贤县、安徽省无为市等地区。

第四是选择的螺蛳壳要稚嫩，壳太坚硬不利于后期河蟹摄食。

第五是引进螺蛳不能在寒冷结冰天气，要避免冻伤死亡，要选择气温相对高的晴好天气。

五、螺蛳的放养

螺蛳群体中雌螺占绝大多数，达75%～80%，雄螺仅占20%～25%。在生殖季节，受精卵在雌螺育儿囊中发育成仔螺产出。每年的4～5月和9～10月是螺蛳的两次生殖旺季。螺蛳是分批产卵型，产卵数量随环境和亲螺年龄而异，一般每次产20～30个，多者40～60个，一年可产150个以上，产后2～3个星期，仔螺重达0.025克时即开始摄食，经过一年饲养便可交配受精产卵，繁殖后代。根据生物学家的调查，繁殖的后代经过14～16个月的生长又能繁殖仔螺。因此许多养殖户为了获得更多的小螺蛳，通常是在清明前每亩放养鲜活螺蛳200～300千克，以后根据需要逐步添加。

从近几年众多河蟹养殖效益非常好的养殖户那里得到的经验，我们建议分批放养，可以分3次放养，总量在350～500千克/亩。

第一次放养是在投放蟹种后的1周后，投放螺蛳50～100千克/亩，量不宜太大，如果量大水质不易肥起来，就容易滋生青苔、泥皮等。投放螺蛳应以母螺蛳占多数为佳，一般雌性大而圆，雄性小而长，外形上主要从头部触角上加以区分，雌螺左右两触角大小相同且向前伸展；雄螺的右触角较左触角粗而短，末端向内弯曲，其弯曲部分即为生殖器。

第二次放养是在清明前后，也就是在4～5月之间，投放200～250千克/亩，在田间沟里少放，尽量放在蟹塘中间生有水草的板田上。

第三次放养是在6～7月，放养量为100～150千克/亩。有条件的养殖户最好放养仔螺蛳，这样更能净化水质，利于水草的生长。到了6～7月螺蛳开始大量繁殖，仔螺蛳附着于池塘的水草上，仔螺蛳不但稚嫩鲜美，而且营养丰富，利用率很高，是河蟹最适口的饵料，正好适合河蟹生长旺期的需要。

六、保健养螺

在投放螺蛳的前1天，使用合适的生化药品来改善底质，活化淤泥，减少池塘中的有害病菌，给螺蛳创造良好的底部环境。例如，可使用六控底健康1包，用量为3～5亩/包。

投放螺蛳时应先将螺蛳洗净，并用对螺蛳刺激性小的药物对螺体进行消毒，目的是杀灭螺蛳身上的细菌及寄生虫，然后把螺蛳放在新活菌王100倍的稀释液中浸泡1个晚上。

在放养螺蛳的3天后使用健草养螺宝（8～10亩/桶）来肥育螺蛳，增加螺蛳肉质质量和口感，为河蟹提供优良的饵料以增强体质。以后将健草养螺宝配合钙质如生石灰等，定期使用。

在高温季节，每5～7天可使用改水改底的药物，控制病虫在螺蛳体内的寄生和繁殖，从而大大减少携带和传播。

为了有利于水草的生长和保护螺蛳的繁殖，在蟹种入池前最好在深水区用网片圈蟹池面积的30%作暂养区，待水草覆盖率达40%～50%，螺蛳繁殖已达一定数量时撤除，一般暂养至4月份，最迟不超过5月底。

第四节 蟹种的放养

一、放养蟹种的三改措施

为了达到养大蟹、养健康蟹的目的，在蟹种投放上应坚持"三改"，改小规格为大规格放养、改高密度为低密度放养、改别处购蟹种为自育蟹种。尽量选择土池培育的长江水系中华绒螯蟹蟹种。为保证蟹种质量可自选亲本到沿海繁苗场跟踪繁殖再回到内地自育自养（图4-12）。

图4-12 适宜放养的蟹种

二、蟹种的选择

首先是投放的蟹种要求甲壳完整、肢体齐全、无病无伤、活力强、规格整齐、同一来源，选择1龄扣蟹，不选性早熟的2龄种和老头蟹种。

其次是选择品系纯正、苗体健壮、规格均匀、体表光洁不沾污物、色泽鲜亮、活动敏捷的蟹种。

再次就是对蟹种进行体表检查。随机挑3～5只蟹种把背壳扒去，鳃片整齐无短缺、淡黄色或黄白、无固着异物、无聚缩虫，肝脏呈菊黄色、丝条清晰者为健康无病的优质蟹种；如果发现蟹种的鳃片有短缺、黑鳃、烂鳃等现象，同时蟹种的肝脏明显变小，颜色变异无光泽则为劣质蟹种、带病蟹种。

三、不宜投放的蟹种

1.早熟蟹种不要投放 有的蟹种虽然看起来很小，只有20～30克，但是它们的性腺已经成熟，如果把这种蟹种放养在池塘里，在开春后直至第二次蜕壳时会逐渐死去。这种蟹前壳呈墨绿色，雄蟹螯足绒毛粗长发达，螯足、步足刚健有力，雌蟹肚脐变成椭圆形，四周有小黑毛，是典型的性早熟蟹种，没有任何养殖意义。

2.小老蟹苗不要投放 人们在生产上通常将小老蟹称为"懒小蟹""僵蟹",因为它们已在淡水中生长2秋龄,因某种原因未能长大,之后也很难长大,也就是我们常说的"养僵了"。这种蟹一般性腺已成熟,所以背甲发青,腹部四周有毛,夏季易死亡,回捕率很低。

3.病蟹不要投放 病蟹四肢无力,动作迟钝,入水再拿出后口中泡沫不多,腹部有时有小白斑点,这样的蟹种不要投放;蟹种肢体不全者或有其他损伤尤其是大螯不全者最好不要投放,断肢河蟹虽能再生新足,但商品档次下降,所以也不要投放;蟹种的鳃片有短缺、黑鳃、烂鳃等现象时不要投放;蟹种活动能力不强,同时蟹种的肝脏明显变小,颜色变异无光泽的也不要投放。

4.咸水蟹种不要投放 这种蟹在海边长大,它的外表和正宗蟹种没有明显区别,但如果把咸水蟹放在淡水中一段时间,则有的死亡,有的爬行无力,有的则体色改变。

5.氏纹弓蟹种不要投放 氏纹弓蟹又称铁蟹、蟛蜞,淡水河中生长较多,它是一种长不大的水产动物,最大50克左右,品质差。由于它的幼体外形和中华绒螯蟹非常相似,所以常有人捕来以假乱真。稍加注意,不难发现:氏纹弓蟹背甲方形,步足有短细绒毛,色泽较淡(图4-13、图4-14)。

图4-13 蟛蜞的腹面

图4-14 蟛蜞的背面

四、小老蟹的鉴别方法

养殖户在选择蟹种的时候,一定要避免性早熟蟹。河蟹性早熟就是在其尚未达到商品规格时,已由黄蟹蜕壳变为绿蟹,这时它们的性腺已经发育成熟，如果在盐度变化的刺激下，是能够交配产卵并繁殖后代的，这种未达到商品规格就性成熟的蟹通常被称为"小老蟹"。

"小老蟹"个体规格约为每千克20～28只，由于它们的大小与大规格蟹种基本一样，所以有的养殖户特别是刚刚从事河蟹养殖的人难以将它们区分开来。而如果将这种"小老蟹"作为蟹种第二年继续养殖时，不仅生长缓慢，而且易因蜕壳不遂而死亡，更重要的是它们几乎不可能再具有生长发育的空间了。因此，我们一定要杜绝小老蟹在池塘里的养殖，这就是我们在编写本书时特别将小老蟹的鉴别方式做重点介绍的原因。现介绍一些较为简便易行的鉴别方法供养殖生产者参考。

我们通常将鉴别小老蟹的方法简称为"五看一称"法。

1. 看腹部　正常的蟹种处于幼年期时，不论雌雄个体，腹部都是呈狭长状的，略呈三角形。随着河蟹的蜕壳生长，雄蟹的腹部仍然保持三角形，雌蟹的腹部将随着蜕壳次数的增加而慢慢变圆，到了成熟时就成为相当圆的脐了，所以成熟河蟹有"雌团雄尖"的说法。因此我们在选购蟹种时，要观看蟹种的腹部，如果都是三角形或近似三角形的蟹种，即为正常蟹种；如果蟹种腹部已经变圆，且周围密生绒毛，那么就是性腺成熟的蟹种，就是明显的小老蟹，不要购买（图4-15）。

图4-15　小老蟹

2. 看交接器　观看交接器是辨认雄蟹是否成熟的有效方法，打开雄蟹的腹部，发现里面有2对附肢，着生于第1至第2腹节上，其作用是形成细管状的1对附肢，在交配时1对附肢的末端紧紧地贴吸在雌蟹腹部第5节的生殖孔上，故雄蟹的这对附肢叫交接器。正常的蟹种，由于它们还没有达到性成熟，性激素分泌有限，因此在交接器的表现上为软管状，而性成熟的小老蟹的交接器则在性腺的作用下，变为坚硬的骨质化管状体，且末端周生绒毛，所以说交接器是否骨质化就是判断雄蟹是否成熟的条件之一。

3.看步足　正常蟹种步足的前节和胸节上的刚毛短而稀，不仔细观察的话根本就不会注意到，而在成熟的小老蟹上则表现为刚毛粗长、稠密且坚硬。

4.看性腺　打开蟹种的头胸甲，如果只能看到黄色的肝脏，说明是正常的蟹种。若是性腺成熟的雌蟹，在肝区上面有2条紫色长条状物，这就是卵巢，肉眼可清楚地看到卵粒。若是性成熟的雄蟹，肝区有2条白色块状物，即精巢，俗称蟹膏。一旦出现这些情况就说明河蟹已经成熟了，就是小老蟹，当然是不能放养的。

5.看河蟹的背甲颜色和蟹纹　正常蟹种的头胸甲背部的颜色为黄色，或黄里夹杂着少量淡绿色，其颜色在蟹种个体越小时越淡；性成熟的小老蟹背部颜色较深，为绿色，有的甚至为墨绿色，这就是性成熟蟹被称为"绿蟹"的原因，当然绿蟹就是小老蟹了，是没有任何养殖意义的。蟹纹是蟹背部多处起伏状的俗称，正常蟹种背部较平坦，起伏不明显，而性成熟蟹种背部凹凸不平，起伏相当明显。

6.称体重　生产实践表明，个体重小于15克的扣蟹基本上没有性早熟的，"小老蟹"体重一般都在20～50克。因此在选择蟹种时，为了安全起见，在没有绝对判断能力时，可以通过称重来选购蟹种。在北方宜选择体重10～15克的蟹种，即每千克蟹种的个数在60～100只；在南方可选用5～10克的，即每千克蟹种的个数在100～200只，这样既能保证达到上市规格，又可较好地避免选中"小老蟹"。

五、蟹种的放养规格

蟹种规格在100～200只/千克（即6～10克/只），放养密度一般为每亩600～800只。

图4-16　适宜的规格应达到1元人民币大小

也有采用大规格蟹种放养的，蟹种规格为60～100只/千克，放养密度为400～600只/亩（图4-16）。

六、蟹种的放养技巧

蟹种放养时水位控制在50～60厘米。放养时间以3月底以前放养结束为宜。放养时先用池水浸蟹种2分钟后提出片刻，再浸2分钟提出，重复3次，接着用3%～4%的食盐水溶液浸泡消毒3～5分钟后再放入池塘中（图4-17）。

图4-17 蟹种的放养技巧

为了便于以后的检查和投喂，可以将每池的放养情况做登记，如表4-1所示。

表4-1 放养情况登记表

池号	面积（亩）	水深（米）	放养时间	品种	规格	数量	密度

第五节　科学投喂

河蟹食性杂，且比较贪食。除种草、投螺外，还需要投喂饲料，投喂饲料的主要作用就是补充营养、增强免疫、促进生长，因此，饲料投喂应把握好以下几点。

一、河蟹喂食需要了解的真相

第一，我们应该了解河蟹自身消化系统的消化能力是不足的，主要表现为河蟹消化道短，内源酶不足；另外气候和环境的变化尤其是水温的变化会导致蟹产生应激反应，甚至拒食等，这些因素都会妨碍河蟹对营养的消化吸收。

第二，不要盲目迷信河蟹的天然饵料，有的养殖户认为只要水草养好了，螺蛳投喂足了，再喂点小麦、玉米什么的就可以了，而忽视了配合饲料的使用，这种观念是错误的。在规模化养殖中我们不可能有那么丰富的天然饵料，因此必须科学使用配合饲料，而且要根据不同的生长阶段使用不同粒径、不同配方的配合饲料。

第三，饲料本身的营养平衡与生产厂家的生产设备和工艺配方相关联。例如，有的生产厂家为了节省费用，会用部分植物蛋白(常用的是发酵豆粕)替代部分动物蛋白(如鱼粉、骨粉等)，加上生产过程中的高温环节对饲料营养的破坏（如磷酸酯等会丧失，会导致饲料营养的失衡），从而影响了河蟹对饲料营养的消化吸收及营养平衡的需求。所以，在选用饲料时最好选择用户口碑好的知名品牌。

第四，为了有效弥补河蟹消化能力不足的缺失，提高河蟹对饲料营养的消化吸收，满足其营养平衡的需求，增强其免疫抗病能力，在喂料前，定期在饲料中拌入产酶益生菌、酵母菌和乳酸菌等是很有必要的。这些有益微生物复合种群优势，既能补充河蟹的内源酶，增强消化功能，促进对饲料营养的消化吸收，还能有效抑制病原微生物在消化系统的生长繁殖，维护消化道的菌群平衡，修复并促进体内微生态的健康循环，预防消化系统疾病，对河蟹养殖十分重要。另外，如果在饲料中定期添加保肝促长类药物，既有利于保肝护肝，增强肝功能的排毒解毒功能，又能提高河蟹的免疫力和抗病能力，因此我们在投喂饲料时要定期使用一些必备的药物。

第五，在投喂饲料时，总会有一些饲料沉积在池底，对底质和水质造成污染。为了确保池塘的水质和底质都能得到良好的养护和及时的改善，从而减少河蟹的应激反应，在投喂时应根据不同的养殖阶段和投喂情况，在饲料中适当添加一些营养保健品和微量元素，可增强河蟹的活力和免疫抗病能力，提高饲料营养的转化吸收，促进河蟹生长。

二、饵料种类

一是植物性饵料，有麦麸、黄豆、豆饼、小麦、玉米及嫩的青绿饲料，南瓜、山芋、瓜皮等需煮熟后投喂；二是动物性饵料，有小杂鱼、轧碎螺蛳、河蚌肉等；三是配合饲料（图4-18）。在饲料中必须

图4-18　河蟹的配合饲料

添加蜕壳素、多种维生素、免疫多糖等，满足河蟹的蜕壳需要。

我们在进行技术推广时，发现一些养殖户采用自配发酵饲料来投喂河蟹，效果非常棒。这种发酵饲料的主要原料有黄豆、蚕豆、玉米、小麦等，通过添加乳酸菌、芽孢杆菌等微生物制剂，经过几十个小时的充分发酵后，饲料呈酸甜味，河蟹特别爱吃，而且对河蟹的肠胃有好处（图4-19、图4-20）。

图4-19　正在发酵的饲料　　　　　图4-20　发酵好的饲料

三、投喂原则

河蟹是以动物性饲料为主的杂食性动物，在投喂上应进行动物性、植物性饲料合理搭配，实行"两头精、中间青、荤素搭配、青精结合"的科学投饵原则进行投喂。

四、投喂量

幼蟹刚下塘时，日投饵量每亩为0.5千克。随着生长，要不断增加投喂量，具体的投喂量除了与天气、水温、水质等有关外，还要自己在生产实践中把握。这里介绍一种叫试差法的投喂方法来掌握投喂量。在第2天喂食前先查一下前一天所喂的饲料情况，如果没有剩下，说明基本上够吃了；如果剩下不少，说明投喂得过多了，一定要将饵量减下来；如果看到饲料没有了，且饲料投喂点旁边有河蟹爬动的痕迹，说明投饵少了一点，需要加一点，如此3天就可以确定投饵量了。在没捕捞的情况下，隔3天增加10%的投饵量。

五、投喂方法

一般每天投喂2次，分上午、傍晚投放，投喂以傍晚为主，投喂量要占到全天投喂量的60%～70%，饲料投喂要采取"四看""四定"的方法。

由于河蟹喜欢在浅水处觅食，因此在投喂时，应在岸边和浅水处多点均匀投喂，也可在池四周增设饵料台，以便观察河蟹的吃食情况。

（1）"四看"投饵。

看季节：5月中旬前动、植物性饵料比为60∶40；5～8月中旬为45∶55；8月下旬至10月中旬为65∶35。

看实际情况：连续阴雨天气或水质过浓，可以少投喂，天气晴好时适当多投喂；大批河蟹蜕壳时少投喂，蜕壳后多投喂；河蟹发病季节少投喂，生长正常时多投喂。既要让河蟹吃饱吃好，又要减少浪费，提高饲料利用率。

看水色：透明度大于50厘米时可多投喂，小于20厘米时应少投喂，并及时换水。

看摄食活动：发现过夜剩余饵料应减少投饵量。

（2）"四定"投饵。

定时：高温时节每天2次，最好定到准确时间，调整时间宜半月甚至更长时间才能进行。水温较低时，也可1天喂1次，安排在下午。

定位：沿池边浅水区定点"一"字形摊放，每间隔20厘米设一投饵点。

定质：青、粗、精结合，确保新鲜适口，不腐烂变质，营养搭配合理，建议投配合饵料、全价颗粒饵料。饵料做成团或块，以提高饵料利用率，其中动物性饵料占40%，粗料占25%，青料占35%。动物下脚料最好是煮熟后投喂，在池中水草不足的情况下，一定要添加陆生草类的投喂，夏季要捞掉吃不完的草，以免腐烂影响水质。

定量：自配的新鲜饲料日投饵量的确定按3～4月为河蟹体重的1%左右，5～7月为5%～8%，8～10月为10%以上进行投喂。全价配合颗粒饲料日投饵量控制在1%～5%。每日的投饵量早上占30%，下午占70%。河蟹最后一两次蜕壳即将起捕时，则宜大量投喂动物性饲料，以达到快速增肥，提高成蟹规格的目的。

六、投喂时警惕病从口入

首先是注意螺蛳的清洁投喂,具体处理方法请见保健养螺。

其次是注意对冰鲜鱼的处理。养殖户投喂的冰鲜野杂鱼类几乎没有经过任何处理,野杂鱼中也附带着大量有害细菌、病毒,特别是已经变质的野杂鱼。河蟹在摄食的过程中将有害的病毒和病菌或有毒的重金属或药物残留带入体内,从而引发病害,常见的如肝脏肿大、萎缩、糜烂,肠炎、空肠、空胃等。

处理方法:在投喂冰鲜野杂鱼前,可使用大蒜素进行拌料处理来消除其中的有害物质,经过发酵的天然大蒜的杀菌抑菌能力是普通抗生素的5~8倍,无残留,不形成抗性,使用时请参考各生产厂家的大蒜素或类似产品的用法与用量。另外,冰鲜鱼不要整块投喂,一定要切成碎块后方可投喂(图4-21、图4-22)。

图4-21 冰鲜鱼是河蟹喜食的饲料　　图4-22 冰鲜鱼需切碎后方可投喂

再次是在高温季节对颗粒饲料进行相应的处理。在高温时节投喂颗粒饲料时,容易使饲料溶散,不利于河蟹摄食,另外这些没有被及时摄食的饲料沉入塘底,一方面造成饵料浪费严重,另一方面则容易造成底质腐败,溶氧缺乏,病毒、病菌容易繁殖,有毒有害物质容易形成,整个养殖环境处于重度污染状态。

处理方法:在投喂饲料前,适当配合环保营养型黏合剂,将饲料包裹后投喂,既能起到诱食促食的作用,还能增强营养消化,减轻底质污染,更重要的是能有效地控制河蟹病从口入,减少病害的发生。

第六节 加强池塘管理

一、防毒解毒

在运用各种药物对水体进行消毒，杀死病原菌，除去杂鱼、杂虾、杂蟹等后，池塘里会有各种毒性物质存在，必须对水体进行解毒后方可用于池塘养殖。

防毒解毒是指定期有效地预防和消除养殖过程中出现或可能出现的各种毒害，如重金属中毒、消毒杀虫灭藻药中毒、亚硝酸盐中毒、硫化氢中毒、氨中毒、饲料霉变中毒、藻类中毒等。尤其是重金属对河蟹养殖的危害，我们必须有清醒的认识。

重金属的来源主要有三方面：第一个方面是来自工业污水、生活污水、种养污水等，它们在排放后通过一定的渠道会注入或污染河蟹养殖的进水口，从而造成重金属超标。第二个方面是来自所抽的地下水，地下水重金属超标。第三个方面是自我污染，也就是说在养殖过程中滥用各种吸附型水质和底质改良剂等，从而导致重金属离子超标。尤其是在养殖中后期，塘底的有机物随着投饵量和蟹粪便及动植物尸体的不断增多，底质环境非常脆弱，受气候、溶氧、有害微生物的影响，容易产生氨氮、硫化氢、亚硝酸盐、甲烷、重金属等有毒物质，其中的有些有毒成分可以检出，有的受条件限制无法检出，比如重金属和甲烷。还有一种自我污染的途径就是由于管理的疏忽，对塘底的有机物没有及时有效地处理，造成水质富营养化，产生水华和蓝藻。那些老化及死亡的藻类，以及泼洒消毒药后投喂的饵料都携带着有毒成分，被河蟹采食造成中毒。解毒的目的就是降解消毒药品的残毒及重金属、亚硝酸盐、硫化氢、氨氮、甲烷和其他有害物质的毒性，可在消毒除杂的5天后泼洒卓越净水王或解毒超爽或其他有效的解毒药剂。

重金属超标会严重损害河蟹的神经系统、造血系统、呼吸系统和排泄系统，从而引发神经功能紊乱、代谢失常、肝胰腺坏死、肝脏肿大、败血、黑鳃、烂鳃、停止生长等症状。

因此我们在河蟹的日常管理工作中要做好防毒解毒工作，从而消除养殖的健康隐患。

首先是对外来的养殖水源要加强监管，努力做到不使用污染水源；其次是在使用自备井水时，要做好曝晒的工作和及时用药物解毒的工作；再次就是在养殖过程中不滥用药物，减少自我污染的可能性。高密度养殖的池塘环境复杂而脆弱，有潜伏着致病源的隐患，随时威胁河蟹的健康养殖，因此中后期的定期解毒排毒很有必要。

二、培植有益微生物种群

培植有益微生物种群，不仅能抑制病原微生物的生长繁殖，消除健康养殖隐患，还可将塘底有机物和生物尸体通过生物降解转化成藻类、水草所需的营养盐类，为肥水培藻、强壮水草奠定良好的基础。在解毒3~5小时后，就可以采用有益微生物制剂如水底双改、底改灵、底改王等药物按使用说明全池泼洒，目的是快速培植有益微生物种群，用来分解消毒杀死的各种生物尸体，避免二次污染，消除病原隐患。

如果不用有益微生物对消毒杀死的生物尸体进行彻底的分解或消解，说明清塘消毒不彻底。这样的危害就是那些具有抗体的病原微生物待消毒药效过期后就会复活，而且它们会在复活后利用残留的生物尸体作培养基大量繁殖。而病原微生物复活的时间恰好是河蟹蜕壳最频繁的时期，蜕壳时的河蟹活力弱，免疫力低下，抗病能力差，病原微生物极易侵入蟹体，引发病害。所以，我们必须在用药后及时解毒和培育有益微生物的种群。

三、培植氧源

在河蟹的整个养殖过程确保溶氧充足是贯穿养殖生产与管理的一条主线，许多养殖户都有这样的体会：氧气可以说是河蟹成功养殖的命根子。因此如何解决养殖池塘溶氧安全的问题，是每一位河蟹养殖户需要关注和研究的问题。

有些养殖户认为只要勤开增氧机就可以解决溶氧安全的问题，还有些养殖户在蟹池里埋设了微孔增氧管，认为只要定时、科学地开启增氧设备，就可以高枕无忧了。其实，这种理解是有失偏颇的。增氧机的真正作用是搅水、曝气、增氧，主要是通过动力作用来推动水体循环，把水草和藻类所产的溶氧通过水流循环载入塘底，增加塘底溶氧量，将底层的有机物进行生物合成转化为营养盐类通过水流循环供水草和藻类吸收，促进水草和藻类的生长，还可将底层有害的物质通过水体循环交换至水层表面释放挥发。至于增氧方面，增氧机本身并不制造氧气，

图4-23 增氧机是氧源的一种方式

它所起的作用只是将空气中少量的氧气导入水体，因此增氧机的有限增氧功能并不是主要的氧源（图4-23）。

还有一些养殖户认为，可以通过向水体中泼洒增氧剂，如过碳酸钠、过硼酸钠、过氧化钙、双氧水等补充外源氧的方式来解决水体溶氧缺乏的问题。这确实可以起到一定的增氧作用，也是高产精养鱼塘经常用来紧急增氧的有效药物，但是用增氧剂等化学物品来增氧只是短期的行为，而且是一种治标不治本的应急做法。也许对于鱼池可以使用，但是对于蟹池却并不适用。这是因为化学增氧剂过量使用后，蟹池内的水草及藻类会大量死亡，养殖池塘的生态环境被彻底破坏，水质、底质失去活性功能，自净功能丧失，在养殖后期蟹池的水色很难培养，水草很难修复；更为严重的是池塘里的亚硝酸盐、重金属等有害物质屡见超标，结果是导致蟹病频发，养殖效益很不理想。

生产实验表明，养蟹池塘里由于种植了大量的水草，加上人为进行肥水培藻的作用，蟹池水体中80%以上的溶解氧都是水草、藻类产生的，因此培育优良的水草和藻相，就是培植氧源的根本做法。

如何培植氧源呢？最主要的技巧就是加强对水质的调控管理，适时适当使用合适的肥料培育水草和稳定藻相。一是在刚刚放养蟹种的时候，注重"肥水培藻，保健养种"的做法；二是在养殖的中后期注意强壮、修复水草，防止水草根部腐烂、霉变；三是在巡塘的时候，加强观察，观察河蟹的健康情况，水草和藻相是否正常，水体中的悬浮颗粒是否过多，藻类是不是有益的藻类，是否有泡沫，水质是不是

发黏且有腥臭味，水色是否浓绿、泡沫稀少，藻相是否经久不变，等等。一旦发现问题，必须及时采取措施处理。具体的处理方法请参考相关章节。可以这样说，保护健康的水草和藻相，就是保护池塘氧源的安全，就是确保养蟹成功的关键。

四、底质的养护与改良

1.底质对河蟹的影响　河蟹具典型的底栖类生活习性，它们的生活生长都离不开底质，因此底质的优良与否会直接影响河蟹的活动能力，从而影响它们的生长、发育，甚至影响它们的生命，进而会影响养殖产量与养殖效益。

底质，尤其是长期养殖池塘的底质，往往是各种有机物的集聚之所，这些底质中的有机质在水温升高后会慢慢地分解。在分解过程中，它一方面会消耗水体中大量的溶解氧来满足分解作用的进行；另一方面，在有机质分解后，往往会产生各种有毒物质，如硫化氢、亚硝酸盐等，会导致河蟹因为不适应这种环境而频繁地上岸或爬上草头，轻者会影响它们的生长蜕壳，造成上市河蟹的规格普遍偏小，严重的则会导致池塘缺氧泛塘，甚至导致河蟹中毒死亡。

底质在河蟹养殖中还有一个重要的影响就是会改变蟹的体色，从而影响出售时的卖相。河蟹的体色是与它们的生活环境相适应的，而且也会随着生活环境的改变而改变。例如，在黄色壤土的底质中生长养成的河蟹与在湖泊中生产的河蟹极其相似，呈现出青壳白脐、金爪黄毛、肉质品味好的特点。而在淤泥较多的黑色底质中养出的成蟹，常常一眼就能看出是"黑底蟹""铁壳蟹"等，它们的具体特征就是甲壳灰黑，脐腹部有黑斑，肉松味淡，商品价值非常低（图4-24）。

图4-24　黑底蟹

2.底质不佳的原因　河蟹塘池底变黑发臭的原因，主要有以下几点：

（1）冬春季节清塘不彻底，过多的淤泥没有及时清理出去，造成底泥中的有机物过多，这是底质变黑的主要原因之一。

（2）一些养殖河蟹的池塘设计不合理，开挖不科学，水体较深，上下水体形成了明显的隔离层，造成池塘底部长期缺氧，从而导致一些嫌气性细菌大量繁殖，水体氧化能力差，水体中有毒有害物质增多，底质恶化，造成底部有臭气。

（3）一些养殖户投饵不科学，饲料利用率较低，长期投喂过量的或者是投喂蛋白质含量过高的饲料，这些过量的饲料并没有被河蟹及时摄食利用，而是沉积在底泥中；河蟹新陈代谢产生的大量粪便也沉积在底泥中，为病原微生物的生长繁殖提供了条件。病原微生物消耗池水中大量的氧气，同时还分解释放出大量的硫化氢、沼气、氨气等有毒有害物质，使底质恶臭。

（4）在养殖过程中，随着水产养殖密度的不断增大，以消耗大量高蛋白饲料及污染池塘自身和周边环境为代价来维持生产的养殖模式，破坏了池塘原有的生态平衡。加上养殖户为了防治鱼病，大量使用杀虫剂、消毒剂、抗生素等药物，甚至农药鱼用，并且用药剂量越来越高。这样，在养殖过程中，养殖残饵、粪便、死亡动物尸体和杀虫剂、消毒剂、抗生素等化学物质在池底沉淀，形成黑色污泥，污泥中含有丰富的有机质，厌氧微生物占主导地位，严重破坏了底质的微生态环境，导致各种有毒有害物质恶化底质，从而危害养殖河蟹。还有一些养殖户并不遵循科学养殖的原理，用药不当，破坏了水体的自净能力，经常使用一些化学物质或聚合类药物，例如，大量使用沸石粉、木炭等吸附性物质为主的净水剂，这些药物在絮凝作用的影响下沉积于底泥中，从而造成池底变黑发臭。

（5）在养殖前期，由于青苔较多，许多养殖户会大量使用药物来杀灭青苔，这些死亡后的青苔并没有被及时地清理或消解，而是沉积于底泥中；另外在养殖中期，河蟹会不断地夹断水草，这些水草除了部分漂浮于水面之外，还有一部分和青苔及其他水生生物的尸体一起沉积于底泥中，随着水温的升高，这些东西会慢慢地腐烂，从而加速底质变黑发臭。

一般情况下，池塘的底质腐败时，水草会大量腐烂，水体和底质中的重金属含量明显超标，虾类（尤其是龙虾）和河蟹等都会产生黑底板现象；如果这些黑底板的河蟹在生长过程中长期缺乏营养或营养达不到需求，黑底板会发展为锈底板，黑壳蟹也会变成铁壳蟹。

3.底质与疾病的关联　在淤泥较多的池塘中，有机质的氧化分解会消耗掉底层本来并不多的氧气，造成底部处于缺氧状态，形成所谓的"氧债"。在缺氧条件下，嫌气性细菌大量繁殖，分解池塘底部的有机物质而产生大量有毒的中间产物，如氨气、硫化氢、有机酸、低级胺类、硫醇等。这些物质大都对河蟹有着很大的毒害作用，并且会在水中不断积累，轻则会影响河蟹的生长，饵料系数增大，养殖成本升高；重则会提高河蟹对细菌性疾病的易感性，导致河蟹中毒死亡。

当底质恶化，有害菌会大量繁殖，水中有害菌的数量达到峰值时，河蟹就有可能发病。如河蟹甲壳的溃烂病、肠炎病等（图4-25）。

图4-25　这样的底质含有大量的病菌

4.科学改底的方法

（1）提倡采用微生物型或益生菌来进行底质改良，达到养底护底的效果。充分利用复合微生物中的各种有益菌的功能优势，发挥它们的协同作用，将残饵、排泄物、动植物尸体等影响底质变坏的隐患及时分解消除，可以有效地养护底质和水质，同时还能有效地控制病原微生物的蔓延扩散。

（2）快速改底可以使用一些化学产品混合而成的底改产品，但是从长远的角度来看，还是尽量不用或少用化学改底产品。建议使用微生物制剂的改底产品，通过有益菌如光合细菌、芽孢杆菌等的作用来达到底改的目的。

（3）做好间接护底的工作，可以在饲料中长期添加大蒜素、益生菌等微生物制剂。因为这些微生物制剂是根据动物正常的肠胃菌群配制而成，利用益生菌代谢的生物酶补充河蟹体内的内源酶的不足，促进饲料营养的吸收转化，降低粪便中有害物质的含量，排出来的芽孢杆菌又能净水，达到水体稳定、及时降解的目的，全方面改良底质和水质。所以不仅能降低河蟹的饵料系数，还能从源头上解决河蟹排泄物对底质和水质的污染，节约养殖成本。

（4）定向培养有益藻类，适当施肥并防止水体老化。养殖池塘不怕"水肥"，而是怕"水老"，因为"水老"藻类才会死亡，才会出现"水变"，水肥不一定"水老"。可以定期使用优质高效的水产专用肥来保证肥水效率，如"生物肥水宝""新肽肥（池塘专用）"等。这些肥水产品都能被藻类及水产动物吸收利用，不污染底质。

5.底瘦池塘的改底　底瘦的池塘通常是新塘或清淤翻晒过的养殖池塘，池塘底部有机质少，微生态环境脆弱，不利于微生物的生长繁殖。

（1）底瘦、水瘦的池塘：这种池塘中藻类数量少，饵料生物缺乏，溶氧量往往比较低，水体易出现浑浊或清水。针对这种情况，如果大量浮游动物出现，局部杀灭浮游动物。可施EM菌，补充底部和水体的营养物质，调节底部菌群平衡，建立有利于水质的微生物群落。浑浊的水体，应先用净水产品来处理，并在肥水的同时连续使用增氧产品2～3晚，保证肥水过程中水体溶氧充足。

（2）底瘦、水肥的池塘：这种池塘中活物饵料丰富，藻类数量多，水体的溶氧丰富。底部供应的营养不足，这样的水质难以维持，容易出现倒藻。可施用有机肥来补充底肥，并加EM菌补充底部营养和有益菌群的数量，以促使底层为良性。

6.底肥池塘的改底

（1）底肥、水肥的池塘：这种池塘中水体黏稠物质多，自净能力差，底层溶氧不足，底泥发臭。先使用净水产品净化水质或开增氧机，提高底泥的氧化还原电位，促进有益菌的繁殖。水肥的池塘要防止盲目用药，改用降解型底质改良剂代替吸附型底质改良剂。可施用EM菌等生物制剂的底改产品定向培养有益藻类防止水体老化。

（2）底肥、水瘦的池塘：这种池塘中水体营养不足，藻类生长受限制，水体溶氧量低，底层出现"氧债"，敌害微生物易繁殖。这种情况需要在底层充气，提高底泥的氧化还原电位，可施EM菌来促进有益菌的生长繁殖，同时施净水产品调节水质，降解水体中的毒素，提供丰富的营养，培养有益藻类。防止盲目使用杀虫剂、消毒剂。

7.中后期底质的养护与改良　河蟹养到中后期，投喂量逐步增加，吃得多，拉得也多，因此河蟹排泄物越来越多，加上多种动植物的尸体累加沉积在池塘底部，塘底的负荷逐渐加大。如果不及时采取有效措施处理这些有机物的话，一方面会造成底部严重缺氧，这是因为这些有机质的腐烂至少要耗掉总溶氧的50%以上，在厌氧菌的作用下，就容易发生底部泛酸、发热、发臭，滋生致病原，从而造成河蟹爬边、上岸、爬草头等应激反应。另一方面在这种恶劣的底部环境下，一些致病菌特别是弧菌容易大量繁殖，从而导致河蟹的活力减弱，免疫力下降，这些底部的细菌和病毒交叉感染，使河蟹容易暴发细菌性与病毒性并发疾病，最常见的是发生颤抖病、黑鳃、烂鳃等病症。

因此在河蟹养殖1个月后，就要开始对池塘底质做一些清理隐患的工作。所谓隐患，是指剩余饲料、粪便、动植物尸体中残余的营养成分。消除的方法就是使用针对残余营养成分中的蛋白质、氨基酸、脂肪、淀粉等进行培养驯化的具有超强分解能力的复合微生物底改与活菌制剂，如一些市售的底改王、水底双改、黑金神、底改净、灵活100、新活菌王、粉剂活菌王等。既可避免底质腐败产生很多有害物质，还可抑制病原菌的生长繁殖。同时还可以将这些有害物质转化成水草、藻类的营养盐供藻类吸收，促进水草、藻类的生长，从而起到增强藻相新陈代谢的活力和产氧能力，稳定正常的pH值和溶解氧。实践证明，采取上述措施处理行之有效。

一般情况下，蟹塘里的溶氧量在凌晨1时至早晨6时是最少的时候，这时不能用药来改底；在气压低、闷热无风的天气，即使在白天泼洒药物，也要防止河蟹的应激反应和池塘缺氧。如果没有特别问题时，建议不要在这种天气改底。在晴天中午改底效果比较好，能从源头上解决养殖池塘溶解氧低下的问题，增强水体的活性。中后期改底每7～10天进行1次，在高温天气（水温超过30℃）每5天1次，但是底改产品的用量稍减，也就是掌握少量多次的原则。这是因为塘底水温偏高时，底部有机物的腐烂要比平时快2～3倍，所以底改的次数相应地要增加。

关于底改产品的选用，现在市场上销售的同类产品或同名产品实在太多，本人建议养殖户要做理性的选择，不要被炒作的概念所迷惑。例如，有些生产厂家打出了"增氧型底改""清凉型底改"的底改产品，其实这类底改大多是以低质滑石粉为材料做成的吸附型产品，用户只是凭表面直观的感觉判断其作用效果。不可否认的是用了这类产品后，表面看起来水体中的悬浮颗粒少了，水清爽了一些，殊不知这些悬浮颗粒被吸附沉积到塘底，就会加重塘底的"负荷"，一旦塘底"超载"，底质就会恶化。加上这些颗粒状的底改产品沉入塘底后需要消耗大量的氧气来溶散，所以从本质上讲，这类产品使用后不仅增氧效果不明显，反之还会降低底部溶氧，这就是为什么这些底改产品用得越多，黑鳃、肝脏坏死等症状不仅得不到控制，反而会越来越严重的最主要原因。这类情况我们在基层为养殖户做科技服务时早已司空见惯了。所以使用产品时，理智的选择是关键，不要被"概念"迷惑。否则用了产品，增大了成本，效果却大打折扣。

五、水质的养护

1.养殖阶段的水质调节技巧　水是河蟹赖以生存的环境，也是疾病发生和传播的重要途径，因此水质的好坏直接关系到河蟹的生长、疾病的发生和蔓延。在河蟹整个养殖过程中水质调节非常重要，除前面提到的种植水草、移植螺蛳外，还应做到以下几点。

（1）定期泼洒生石灰水，调节水的酸碱度，增加水体钙离子浓度，供给河蟹吸收。河蟹喜栖居在微碱性水体中，pH值7.5～8.5，自4月中旬至河蟹起捕前每15～20天每亩水深1米用10～15千克生石灰化水全池均匀泼洒，使池水始终呈微碱性。

（2）夏季水温高，水质极易败坏，应加强水质管理，可加深水位，保持池塘正常水位在1.5米左右。

（3）适时加水、换水。从放种时0.5～0.6米始，随着水温升高，视水草长势，每10～15天加注新水10～15厘米，早期切忌一次加水过多。5月上旬前保持水位0.7米，7月上旬前保持水位1.2米，7月上旬后保持水位1.5米。每2～3天加一次水，高温季节每天加水一次，形成微水流，促进河蟹蜕壳。另外，如果遇到恶劣天气，水质变化时，要加大换水量，尽量加满池水。如发现河蟹往岸上爬的次数和数量增多、口吐泡沫，应立即换水并加大换水量。但是要注意的是在蜕壳高峰期不加水，雨后不加水。每次换水水深20～30厘米，先排后灌，换水时速度不宜过快，以免对河蟹造成强刺激。在进水时用60目双层筛网过滤。

（4）每隔7～10天，泼撒一次生石灰，每次每亩水面用生石灰15千克，有澄清水质、增加水体钙质的作用。如常年周期施用益生菌制剂，可大大减少换水次数，甚至可以不换水。

（5）做好底质调控工作。在日常管理中做到适量投饵，减少剩余残饵沉底；定期使用底质改良剂（如投放过氧化钙、沸石等，投放光合细菌、活菌制剂）；晴天采用机械池内搅动底质，每2周1次，促进池泥有机物氧化分解。

2.养殖前期的水质养护 在用有机肥和化学肥料或者是生化肥料培养好水质后，在放养蟹种的第4天，可用相应的生化产品为池塘提供营养来促进优质藻相的持续稳定。这是因为在藻类生长繁殖的初期对营养的需求量较大，对营养的质量要求也较高。当然这些藻类快速繁殖，在水里是优势种群，它们的繁殖和生长会消耗水体中大量的营养物质，此时如果不及时补施高品质的肥料养分，水中的营养物质很容易被消耗掉，而呈澄清样，藻相因营养供给不足或者营养不良而出现"倒藻"现象。另外，蟹池里的水色过度澄清会导致天然饵料缺乏，水中溶氧偏低，蟹种很快就会出现游塘伏边等应激反应。这时蟹种的活力减弱，免疫力也随之下降，直接影响蟹种第一次蜕壳的成活率，最终影响回捕率。

保持藻相的方法很多，只要用对药物和措施得当就可以了。这里介绍一种方案，仅供参考。在放养蟹种的第3天用黑金神浸泡一夜，到了第4天上午配合使用藻幸福或者六抗培藻膏追肥，用量为1包卓越黑金神加1桶藻幸福或者1桶六抗培藻膏，可以泼洒7～8亩。

3.中后期的水质养护　水质的好与坏，优良水质稳定时间的长与短，取决于水草、菌相（指益生菌）、藻相是否平衡，是否有机共存于池塘里。水体中缺菌相，会导致水质不稳定；水体中缺藻相，水体易浑浊，水中悬浮颗粒多；水体中缺水草，河蟹就好像少了把"保护伞"，所以养一塘好水，就必须适时地定向护草、培菌、培藻。

根据水质肥瘦情况，应酌情将肥料与活菌配合使用。如水色偏瘦，可采取以肥料为主，以活菌为辅的方式进行追肥。追肥时可以采用生物有机肥或有机无机复混肥，但是更有效的是采用培藻养草专用肥，这种肥料可全溶于水，既不消耗水中溶氧，又容易被藻类吸收，是理想的追施肥料。

如水质过浓，就要采取净水培菌措施，使用药物和方法请参考各生产厂家的药品。这里介绍一例，可先用六控底健康全池泼洒一次，第2天再用灵活100加藻健康泼洒，晚上泼洒纳米氧，第3天左右，蟹池的水色就可变得清爽嫩活。

4.中后期危险水色的防控和改良　河蟹养到中后期，塘底的有机质除了耗氧腐败底质外，也对水草、藻类的营养有一定作用，可以部分促进水草、藻类生长。在中后期，我们更要做好的是防止危险水色的发生，并对这种危险水色进行积极的防控和改良。

（1）老绿色（或深蓝绿色）水：池水中微囊藻（蓝藻的一种）大量繁殖，水质浓浊，透明度在20厘米左右。在池塘下风处，水表层往往有少量绿色悬浮细末，若不及时处理，池水迅速老化，藻类易大量死亡，河蟹在此水体中易发病，生长缓慢、活力衰弱、蟹体瘦。

对策：①立即换排水；②全池泼洒解毒药剂，减轻微囊藻对河蟹的毒性。

（2）灰绿、灰蓝或暗绿色水：这是因池水中绿藻大量死亡形成的，死亡的藻类漂浮于水面，水面有油污状物，水质浓浊，有黏滑感，增氧机打起的水花为浅绿色，易有泡沫，泡沫拖尾长，很难消失。河蟹在此环境中极易生病，表现为减料明显，空肠空胃，如不及时改良处理，就会发生严重病害。

对策：①立即换排水；②全池泼洒解毒药剂，减轻毒性；③在解毒后进行改底，方法同前文。

（3）酱红色或砖红色水：池水在阳光照射下呈砖红色，且藻类在水中分布不均匀，成团成缕。此种水色的池水有大量鞭毛藻类（裸甲藻、多甲藻等）和原生动物（如夜光虫等）繁殖，这些生物也是主要的赤潮生物。

这种水色在高温季节最易出现，已经不适应绿藻或硅藻繁殖所需要的条件，死亡的藻类散发出臭味，池水有黏性感，底质酸化，水体严重缺氧，pH值下降。这种水色下的河蟹死亡率极高，对生产危害极大（图4-26）。

图4-26　酱红色水

对策：①立即换排水，有可能的话可换全池的4/5水；②换水后第2天引进3～5厘米的含藻新水；③全池泼洒生物制剂如芽孢杆菌等，用量与用法请参考说明；④如果无法大量换水时，要立即用解毒药对水体先进行解毒，然后用改底药进行改底。

（4）白浊色水（乳白色）：此种水色中主要含有害微生物和纤毛虫、轮虫、桡足类等浮游动物及黏土微粒或有机碎屑。这种水质属致病性的水体（图4-27）。

对策：处理方法同酱红色或砖红色水。

（5）土黄浊白色水：为雨水冲刷塘基上细黏土入池所致。

图4-27　白浊色水

对策：①全池泼洒净水剂，让池水由浑浊慢慢转为清澈；②对池水进行解毒处理；③引进3~5厘米的含藻新水；④用生化肥料对池塘进行追肥和施肥，方法同前文。

（6）青苔水：蟹池中青苔大量繁衍对河蟹苗种成活率和养殖效益影响极大。造成青苔在蟹池中蔓延的主要原因有：①人为诱发，主要是早期蟹池水位较浅和光照较强所致。在水草发芽期和早期生长阶段，为保证水草能够获得足够的光照正常发芽和生长，养蟹户通常将水位控制在10~20厘米，长时间保持较低的水位，将导致青苔暴发。②水源中有较多的青苔，蟹池在进水时，水源中的青苔随水流进入池塘，在水温、光照、营养等条件适宜时，会大量繁衍。③大量施肥，养殖户发现水草长势不够理想或发现已有青苔发生，采用大量施无机肥或农家肥的方式进行肥水，施肥后青苔生长加快，直至全池泛滥。④过量投喂，河蟹养殖过程中投喂饲料过多，剩余饲料沉积在池底，发酵后引起青苔滋生。⑤清塘不彻底，若上一年蟹池发生过青苔危害，第二年养蟹前又未清塘或晒塘，则青苔发生率很高。此外，防止蟹病时乱用药物造成水质污染，过量施用碳酸氢铵、磷肥和未经发酵的有机肥使蟹池生态受到破坏，或在移植水草时将青苔带入蟹池，均会造成青苔泛滥。

对策：青苔大量发生后，由于蟹池中有大量的水草需要保护，常用的硫酸铜及含除草剂类药物的使用受到限制，因此青苔的控制重在预防。常见的预防措施有：①种植水草和放养蟹苗前干塘曝晒1个月以上；②清塘时每亩蟹池用生石灰75~100千克化浆全池泼洒；③消毒清塘5天后，必须用相应的药物进行生物净化，不仅能消除养殖隐患，还消除青苔和泥皮；④种植水草时要加强对水草和螺蛳的养护，促进水草生长，适度肥水，防止青苔发生；⑤种植水草后采用低水位催芽，随着水草生长及时加高水位，长江流域在4月中下旬时池水水位不低于40厘米，5月中旬时不低于60厘米；⑥合理投喂，防止饲料过剩，饲料必须保持新鲜。

（7）黄泥色：又称泥浊水，主要是由于蟹塘底质老化，底泥中有害物质含量超标，底泥丧失应有的生物活性，遇到天气变化就容易出现泥浊现象。还有一种造成黄色水的原因是，池塘中含黄色鞭毛藻，池中积存太久的有机物，经细菌分解，使池水pH值下降时易产生此色。养殖户大多采取聚合氯化铝、硫酸铝钾等化学净水剂处理，但是只能有一时之效，却不能除根。

对策：这种水质要耐心地渐进处理。①及时换水，增加溶氧，如pH值太低，可泼洒生石灰调水；②引进10厘米左右深的含藻水源；③用于肥水培藻的生化药品在晴天上午9时全池泼洒，目的是培养水体中的有益藻群；④待肥好水色、培起藻后，再追肥来稳定水相和藻相，此时水色会由黄色向黄中带绿—淡绿—翠绿转变。

（8）分层水：分层水的种类比较多，有水体表层呈带状或云团状水色不同的分层；有水体上层水浓下层水清的分层；有水体表面洁净，但中下层水很浑浊的分层。这些分层水质容易导致蟹池里的溶氧分层、pH值分层、盐度分层。造成水体有分层现象的主要原因是气候恶劣，底质恶化，气压低，水面张力大，导致水体上下层交换能力差而形成的；还有一种原因是蟹池的底质变坏，池塘内的微生态循环受阻，或者是用药施肥不当而导致生态循环被破坏所引起的。

对策：①在气压低或阴雨天前后，可泼洒破坏水面张力的药物，来促进恢复水体上下层的生态循环；②全池泼洒生石灰，7天后选择天晴时再施培藻的生物药品，全池泼洒，具体药物使用请参考药物说明书，可有效解决水体分层的问题。

（9）澄清色水：一种是因塘底长青苔，青苔大量繁殖消耗掉池中的养料，使池水严重变瘦，池中的浮游生物繁殖不起来造成的。另一种是因池水受重金属污染而造成浮游生物无法生长造成的。

对策：①按前文对付青苔的处理方法来处理；②立即解毒，除去重金属的危害；③进行追肥，具体的方法请见前文。

（10）油膜水：①水质恶化、底部恶化产生大量有毒物质，导致大量浮游生物死亡，尤其是藻类的大量死亡，在下风口水面形成一层油膜；②大量投喂冰鲜野杂鱼、劣质饲料，从而形成残饵等物质漂浮在水面上；③水草腐烂、霉变产生的烂叶、烂根和岸边垃圾等漂浮在水中与水中悬浮物构成一道混合膜（图4-28）。

对策：①要加强对蟹池的巡塘，关注下风口处，把烂草、垃圾等漂浮物打捞干净；②排换水5～10厘米深后，使用改底药物全池泼洒，改良底部；③在改底后的5小时内，施用市售的药品全池泼洒，破坏水面膜层；如使用绿康露，用量为3～5亩1瓶；④在破坏水面膜层后的第3天用解毒药物进行解毒，解毒后泼洒相关药物来修复水体，强壮水草，净化水质。

（11）黑褐色与酱油色水：这种水色的池水中含大量的鞭毛藻、裸藻、褐藻等。这种水色一般是管理失常所致，如饲料投喂过多，残饵增多；没有发酵彻底的肥料施用太多或堆肥，导致溶解性及悬浮性有机物增加，水质和底质均老化，增氧机打起的水花为浅黑色，水黏滑，易起泡，很难消失。在投饵失当，底质恶化的老化池易发生（图4-29）。

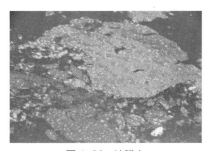
图4-28　油膜水

图4-29　酱油色水

对策：①立即换水一半左右；②换水后第2天引进3～5深厘米的含藻新水；③全池泼洒生物制剂如芽孢杆菌等，用量与用法请参考说明书；④如果无法大量换水时，要立即用解毒药对水体先进行解毒，然后用改底药进行改底。

六、做好补钙工作

在池塘养蟹过程中，补钙常常被养殖户忽视，但却是养殖河蟹成功与否的不可忽视的关键工作。

1.水草、藻类生长需要吸收钙元素　钙是植物细胞壁的重要组成成分，如果池塘中缺钙，就会限制蟹池里的水草和藻类的繁殖。我们在放苗前肥水时，常常会发现有肥水困难或水草老化、腐败现象，其中一个重要的原因就是水中缺钙元素，导致藻类、水草难以生长繁殖。因此，肥水前或肥水时需要先对池水进行补钙，最好是补充活性钙，以促进藻类、水草快速吸收转化，达到"肥、活、嫩、爽"的效果。

2.养殖用水要求有合适的硬度和总碱度，因此水质和底质的养护和改良也需要补钙 养殖用水的钙、镁含量合适，除了可以稳定水质和底质的pH值，增强水的缓冲能力，还能在一定程度上降低重金属的毒性，并能促进有益微生物的生长繁殖，加快有机物的分解矿化，从而加速植物营养物质的循环再生，对抢救倒藻、增强水草生命力、修复水色及调理和改善各种危险水色、底质，效果显著。

3.河蟹的整个生长过程都需要补钙 河蟹的生长发育离不开钙。钙是动物骨骼、甲壳的重要组成部分，对蛋白质的合成与代谢、碳水化合物的转化、细胞的通透性、染色体的结构与功能等均有重要影响。河蟹的生长要通过不断地蜕壳和硬壳来完成，因此需要从水体和饲料中吸收大量的钙来满足生长需要，集约化的养殖方式又常使水体中矿物质盐的含量严重不足。而钙、磷吸收不足又会导致河蟹的甲壳不能正常硬化，形成软壳病或者蜕壳不遂，生长速度减慢，严重影响河蟹的正常生长。因此，为了确保河蟹的生长发育正常和蜕壳的顺利进行，需要及时补钙。可以说，补钙固壳、增强抗应激能力，是加固防御病毒侵入、健康养殖的防火墙。

七、其他的日常管理

1.建立巡池检查制度 勤做巡池工作，发现异常及时采取对策。早晨主要检查有无残饵，以便调整当天的投饵量；中午测定水温、pH值、氨氮、亚硝酸盐等有害物，观察池水变化；傍晚或夜间主要是观察了解河蟹活动及吃食情况。经常检查维修加固防逃设施，台风暴雨时应特别注意做好防逃工作。

2.加强蜕壳蟹管理 通过投饲、换水等措施，促进河蟹群体集中蜕壳。蟹池中始终保持有较多水生植物，蜕壳后及时添加优质饲料，严防因饲料不足而引发河蟹之间的相互残杀。大批河蟹蜕壳时严禁干扰，蜕壳后立即增喂优质适口饲料，防止相互残杀，促进生长。

3.水草的管理 根据水草的长势，及时在浮植区内泼洒速效肥料。肥液浓度不宜过大，以免造成肥害。水花生高达25～30厘米时，要及时收割，收割时须留茬5厘米左右。其他的水生植物，亦要保持合适的面积与密度。

4.蟹病防治　在整个养殖过程中，蟹病防治应遵循"预防为主、防治结合"的原则，坚持以生态防治为主，药物防治为辅。积极采取清塘消毒、种草投螺、自育蟹种、苗种检疫和消毒、使用生物活菌调控水质和改善底质等技术措施，达到不生病或少生病，不用药或少用药的目的。

发现河蟹患病时，一定要先解毒，降解水体、蟹体毒性，增强河蟹的抗应激能力，并优化、稳定水质，平衡pH值，第2天才进行底质改良、去污或消毒等。

在防治上应注意一要对症；二要按量；三要有耐心，一般用药后3～5天才能见效；四是外用和内服必须双管齐下，相互结合，在治疗的同时必须内服保肝促长灵、虾蟹多维、健长灵等恢复、增强体力的产品；五是先杀虫后灭菌消毒。

5.驱除敌害　河蟹敌害主要有老鼠、青蛙、蟾蜍、水蜈蚣、蛇及水鸟等，平时要做好灭鼠工作，春夏季需经常清除池内蛙卵、蝌蚪等。水鸟和麻雀都喜欢啄食刚蜕壳后的软壳蟹，因此一定要注意及时驱除。

6.防应激、抗应激　防应激、抗应激，无论是对水草、藻相和河蟹都很重要。如果水草、藻相应激而死亡，那么水环境就会发生变化，会使河蟹发生应激反应。可以这样说，大多数的河蟹病害是因应激反应才导致其活力减弱，病原体侵入河蟹体内而引发的。

水草、藻相的应激反应主要是受气候、用药、环境变化（如温差、台风天、低气压、强降雨、阴雨天、风向变化、夏季长时间水温高、泼洒刺激性较强的药物、底质腐败等因素）的影响而发生的。为防止气候变化引起应激反应，应养成关注气象信息的好习惯，提前听天气预报预知未来3天的天气情况，当出现闷热无风、阴雨连绵、台风暴雨、风向不定、雨后初晴、持续高温等恶劣天气和水质泥浊等不良水质时，不宜过量使用微生物制剂或微生物底改调水改底，更不宜使用消毒药；同时，应酌情减料投喂或停喂，否则会刺激河蟹产生强应激反应，从而导致恶性病害发生，造成严重后果。

7.其他　其他的管理工作还包括在汛期加强检查，严防逃蟹、防偷、缺氧、防漏水，记载饲养管理日志等工作，亦须认真做好。

第七节　做好懒蟹的预防及处理工作

在培育仔幼蟹过程中，由于种种原因，在最终干塘起捕时，常出现部分个体偏小，似乎永远长不大的幼蟹。这些幼蟹多为Ⅳ～Ⅵ期的幼蟹，其个头大约与Ⅲ期幼蟹一样，与同期的幼蟹相比，它们的体色更深，呈棕黑色，甲壳较小，近方形，步足无力，相当纤弱，活动能力差，摄食较少，常常在培育池的底部或淤泥处打

图4-30　懒蟹

洞栖居，样子很懒，俗称懒蟹（图4-30）。

一、懒蟹形成的原因

1.培育池内溶氧偏低　仔幼蟹对水体的溶氧要求较高，一般要求高于5毫克/升。当水体中溶氧量低于4毫克/升或更少时，幼蟹会大批沿边爬上岸（有防逃设施的则群聚在防逃设施底部），时间一长，有少数幼蟹因鳃部失水而死亡，部分幼蟹寻找打洞的场所，并能适应在岸上洞穴里生活，不再进行正常的摄食与活动。由于岸上食物少，上岸后的河蟹因缺少营养而影响生长，从而形成懒蟹。水草丰富的培育池会发现许多幼蟹爬上水草呼吸空气中的氧，一旦水体溶氧充足时，它们可以自由下水活动，并不影响生长。实践证明，在培育仔幼蟹时，池水中的溶氧往往成为幼蟹变态与生长的制约因子。溶氧不足时，便会导致懒蟹的形成，故在培育仔幼蟹时，应密切注意池水中溶氧的变化及幼蟹活动的变化，一旦发现幼蟹沿池边爬动或到水草上呼吸，需立即开动增氧机增氧或生物增氧。

2.饵料不足或投饵不均匀 在日常投饵中，有时会出现饵料不新鲜、投饵量不足或者投饵不均匀的现象，这样会造成部分幼蟹吃不到饵料，时间一长，个体规格差距就增大，小的河蟹就会很少活动，总是待在池底，自然形成懒蟹。

3.放苗密度过高 幼蟹喜欢集群，多集中在一起抢食，如果投放蟹苗密度过高，一旦饵料不充足，水质控制不好时，造成部分小蟹觅不到饵料，个体长不大，而产生懒蟹。

4.水位变动太大 河蟹在正常情况下，常打洞于"潮间带"，洞口在水面上，洞底略低于水面，洞里有少量水。如果幼蟹培育池的水位忽高忽低，河蟹的穴洞也就随之变动。当水位上升时，有些河蟹在水面附近打洞穴居，一旦水位下降时，它们来不及向下迁移，久而久之，穴居洞中，摄食不足，形成了懒蟹。

5.生态条件差 培育幼蟹的生态条件不能满足河蟹生长的需要，如水中无水生植物，不适合河蟹隐居穴洞的生活，破坏它的正常生活而造成懒蟹的形成。

二、懒蟹的预防

1.保持水质清新、溶氧充足 在仔幼蟹进入Ⅲ期以后，力争每天中午换水（蜕壳高峰期可除外），上午11时左右向外排水，排去池水的1/4～1/3，再向内注水，进水后水位基本保持平齐，不要有大的波动。如果夜里发现缺氧情况，应及时改用增氧剂或启动增氧机进行增氧。

2.适当控制放养密度 放养密度过小，经济效益差，但一味追求高密度养殖，则易导致懒蟹的形成。因此，蟹苗的放养密度应视各自的技术水平、管理水平而定。

3.增加水草覆盖率 仔幼蟹培育池水草覆盖率应保持在45%～50%，最好达60%，这样既可为仔幼蟹提供植物性饵料，又可为仔幼蟹的栖息生长创造良好的生态

图4-31 增加水草可以有效地预防懒蟹

环境，此外水草的光合作用还可以增加水体的溶氧（图4-31）。

4.保证饵料的量与质的供应，做到计划投饵 仔幼蟹的饵料应以鲜活的动物性饵料为主，各期的投饵方法、投饵时间、投饵量均不同。每天的投饵量及动植物蛋白质的配比应视各期仔幼蟹的生长情况而定，做到有计划投饵。投饵时间放在傍晚，便于幼蟹的夜间觅食活动。投饵最好分散进行，多设几个投饵点，防止饵料过分集中，造成强弱河蟹采食不均。

5.专池培养 如果发现培育池中懒蟹较多时，除采取上述积极措施外，在起捕幼蟹时，将懒蟹全部取出，放在面积适宜的水泥池中专门饲养。集中饲养懒蟹的水泥池要求水质良好，挂吊的水草要新鲜茂盛，进排水便利，并要多投喂些蛋白质含量较高的饵料，还要适当加一些蜕壳素，以保证其顺利蜕壳生长，经过一个半月的科学强化饲养，可将它们放入大塘中正常饲养。

6.改善水域条件 定期施用生石灰或帮助改善水质的生化药物，保持水质清新，及时清除残饵和排泄物，防止污染水体，使溶解氧保持在5毫克/升以上。

7.水位保持相对的稳定 在培育幼蟹时，要保持培育池里的水位相对稳定。在进行换冲水时，要缓慢进行，每次换水量和排水量要基本相当，不能出现水位忽高忽低的情况。

三、懒蟹的养殖

当养殖池中出现懒蟹时，可以采取一些措施来养殖，但效果不是太好。

1.建立精养蟹池，集中养蟹 如果池塘里的懒蟹较多，可以建立一个小的精养蟹池，也可以用水泥池，有助于懒蟹放弃继续打洞的念头。将懒蟹集中在一起，确保水质良好，进排水方便。

2.增加投饵，强化培育 首先要满足懒蟹的摄食需要，在懒蟹穴居附近投饵，投喂优质饵料，最好是特制的饵料。这种饵料可适当多加一些诱食剂，以引诱懒蟹出洞觅食，增强体质，逐渐加快生长。同时这些饵料中还要适当多添加一些贝壳粉、禽蛋壳、鱼粉、骨粉、离子钙或蜕壳素，促进懒蟹的蜕壳生长。

3.及时分养 如果是由于幼蟹密度过高、饵料不足引起的懒蟹，根据情况及时将池里的幼蟹分养出去，保证它们在良好的条件下继续生长。分养时，在同一池塘里分养的规格要尽量一致，起到同步生长的效果。

4.适时施肥　在幼蟹培育期间，适时施用磷肥、钾肥，满足河蟹多种营养需求。

5.改生食为熟食投喂　如果没有投喂专门的颗粒饵料，可以将投喂的各种原粮充分浸泡、煮熟后进行投喂，有利于河蟹消化吸收，促进蜕壳和生长。

第八节　加强河蟹蜕壳的管理

在培育仔幼蟹时，大眼幼体需经一次蜕皮后才能变态成Ⅰ期幼蟹，从Ⅰ期幼蟹培育成Ⅴ～Ⅵ期幼蟹则要经过4～5次蜕壳（皮）才能完成。蜕壳不仅是幼蟹发育变态的一个标志，也是其个体生长的一个必要的步骤，这是因为河蟹是甲壳类动物，身体有甲壳包裹，只有随着幼体的蜕皮或仔幼蟹的蜕壳，才能发生形态的改变和体形的增大。

一、蟹苗的蜕皮和幼蟹的蜕壳

河蟹的蜕壳伴随着它的一生，没有蜕壳就没有河蟹的生长。由于Ⅰ期幼蟹之前的河蟹各生长期身体都比较软，还没有形成厚厚的壳，而过了Ⅰ期后，它的体表上就出现了厚厚的坚硬的壳，因此我们一般把Ⅰ期幼蟹前的蜕壳称为蜕皮，而Ⅰ期幼蟹后的蜕壳则称为蜕壳。

大眼幼体在蜕皮之前会有一些征兆出现，当发现后期的大眼幼体只能爬行，丧失了游泳能力时，这就是即将蜕皮变态成Ⅰ期幼蟹的征兆，这种蜕皮过程必须在放大镜下才能看得清楚。大眼幼体在蜕去旧皮之前，柔软的新皮早已在老的皮层下面形成了。蜕皮时，先是体液浓度增加，新体的皮层与旧体的皮层分离，在头胸甲的后缘与腹部交界处产生裂缝，新的躯体就从裂缝处蜕出来。在蜕皮时，通过身体各部肌肉的收缩，腹部先蜕出，接着头胸部及其附肢蜕出。刚蜕皮的幼蟹由于身体柔软，组织大量吸收水分，体形显著增大，但活动能力很弱，常仰卧水底，有时长达一昼夜，待嫩壳变硬后，才能运动。

幼蟹的蜕壳比较容易看到，每蜕一次壳，身体就长大一些。在幼蟹蜕壳之前，身体表面就显出一些征兆，主要在腕节和长节之间出现一些皱纹。幼蟹蜕壳时，通常潜伏在水草丛中，不久在头胸甲与腹部交界处产生裂缝，并在口部两侧的侧线处也出现裂缝，头胸甲逐渐向上耸起，裂缝越来越大，束缚在旧壳里的新体逐渐显露于壳外，接着腹部蜕出，最后额部和螯足才蜕出。幼蟹在蜕去外壳的同时，内部器官，如胃、鳃、后肠及三角膜也要蜕去几丁质的旧皮，就连胃内的齿板与栉状骨也要更新。另外，蟹体上的刚毛也随着旧壳一起蜕去，新的刚毛将由新体长出（图4-32）。

图4-32　河蟹的蜕壳

二、河蟹蜕壳的分类

总的来说河蟹的蜕壳可分为两类。

1.生长蜕壳

（1）正常蜕壳：河蟹的一生，从溞状幼体、大眼幼体、幼蟹到成蟹，要经历许多次蜕皮。幼体每蜕一次皮就变态一次，也就分为一期。从大眼幼体蜕皮变为Ⅰ期仔蟹始，以后每蜕一次壳，体长、体重均有一次飞跃式的增加，从每只大眼幼体6~7毫克的体重逐渐增至250克的大蟹，需要蜕壳数十次。因此，河蟹蜕壳是贯穿整个生命的重要生理过程，是河蟹生长、发育的重要标志，每次蜕壳都是河蟹的生死大关。幼蟹蜕壳一次，体长、体宽的变化也较大，例如，一只体宽2.8厘米、体长2.5厘米的幼蟹，蜕一次壳，体宽可增大到3.5厘米，体长可增大到3.4厘米（图4-33）。

（2）应激蜕壳：这是一种非正常蜕壳，也是临时性的蜕壳，主

图4-33　河蟹蜕壳前后对比

要原因是河蟹受到气候、环境的变化而产生的一种应激性反应。另外用药、换水等都会刺激蜕壳。

2.生殖蜕壳　这是河蟹为了完成生殖活动而进行的一次蜕壳，发生在每年的9~10月中旬，黄壳蟹蜕变成青壳蟹就是生殖蜕壳，这也是河蟹一生中最后一次蜕壳。

三、蜕壳保护的重要性

河蟹只有在适宜的蜕壳环境中才能顺利蜕壳，要求浅水、弱光、安静、水质清新的环境和营养全面的优质适口饵料。当然，蜕壳并不限于在水中进行，仔蟹、蟹种和成蟹蜕壳有时也离开原来的栖息隐藏场所，选择比较安静而可以隐藏的地方，例如，通常潜伏在盛长水草的浅水里进行。如果不能满足上述生态要求，河蟹就不易蜕壳或造成蜕壳不遂而死亡。

幼蟹正在蜕壳时，常常静伏不动，如果受到惊吓或者蟹壳受伤，蜕壳的时间就会大大延长，如果蜕壳发生障碍，就会引起死亡。河蟹蜕壳后，皱褶在旧壳里的新体舒张开来，机体组织需要吸水膨胀，体形随之增大，此时其肢体软弱无力，活动能力较弱，螯足绒毛粉红，俗称软壳蟹。需要在原地休息40分钟左右，才能爬动钻入隐蔽处或洞穴中，1~2天后，随着新壳的逐渐硬化，才开始正常活动。刚蜕壳后的河蟹无摄食与防御能力，极易受同类或其他敌害生物的侵袭。特别是每一次蜕壳后的40分钟，河蟹完全丧失抵御敌害和回避不良环境的能力。在人工养殖时，促进河蟹同步蜕壳和保护软壳蟹是提高河蟹成活率的技术关键之一，也是减少疾病发生的重要举措。

四、影响河蟹蜕壳的因素

影响河蟹蜕壳的因素很多，包括水温、饵料、生长阶段等。在长江口区的自然温度条件下，出膜的第Ⅰ期溞状幼体发育到大眼幼体，需30~40天；而在人工育苗条件下，在水温23℃左右、饵料丰富的情况下，第Ⅰ期溞状幼体经过20~30天即可变成大眼幼体。大眼幼体放养以后，在20℃的水温条件下，3~5天即可蜕皮一次变为第Ⅰ期仔蟹，以后每间隔5~7天，可相继蜕皮发育成第Ⅱ期、第Ⅲ期仔蟹。随着身体的增大，蜕壳间隔的时间也会逐渐延长。

饵料供应不足、水温下降、生态环境恶化也会影响河蟹的蜕壳次数。因此，即使同一单位、同样条件繁殖同一批蟹苗，放养条件不同，收获时往往会有很大的个体差异。

五、蜕壳难和壳软的原因

我们在养殖过程中，常常会发现有些河蟹会出现蜕壳难、蜕下的壳很软，甚至在蜕壳过程中死亡的现象。造成蜕壳难和壳软的原因很多，主要有以下几点：一是养蟹池的水质恶化，表现在旧壳仅蜕出一半就会死亡或蜕出旧壳后身体反而缩小；二是河蟹的喂食方面出现问题，要么是长期投喂饵料不足导致河蟹处于饥饿状态，要么是投喂的饲料质量差，含钙低或原料质量低劣或变质，导致河蟹摄食后不足以用来完成蜕壳行为；三是由于河蟹的放养密度过大、过密，造成河蟹相互间的残杀、互相干扰而延长蜕壳时间或脱不出而死亡；四是在蜕壳时发生水温突变，主要发生在早春的第一次蜕壳时，这时的低温会阻碍蜕壳的顺利进行；五是在养殖过程中乱用抗生素、滥用消毒药等，从而影响了蜕壳或产生不正常现象；六是光照太强或水的透明度太大，水清到底，也会影响河蟹的蜕壳正常进行；七是池水pH值高和有机质的含量下降，水中和饲料钙、磷含量偏低，造成河蟹体内缺少钙源，甲壳钙化不足而导致蜕壳变难；最后就是纤毛虫等寄生虫寄生在河蟹的甲壳表面，影响了河蟹的蜕壳。

六、确定河蟹蜕壳的方法

要想对蜕壳蟹进行有效的保护，就必须掌握河蟹蜕壳的时间和规律，本书介绍几种实用的确定河蟹蜕壳的方法，供养殖户参考。

图4-34 通过看空壳来判断河蟹的蜕壳

1.看空壳 在河蟹养殖期间，要加强对池塘的巡视，主要是多看看池塘蜕壳区、浅水的水草边和浅滩处是否有蜕壳后的空蟹壳，如果发现有空壳出现，就表明河蟹已开始蜕壳了（图4-34）。

2.检查河蟹吃食情况　河蟹总是在蜕壳前几天吃食迅猛，目的是为后面的蜕壳提供足够的能量，但是到了即将蜕壳的前一两天，基本上不吃食。如果在正常投饵后，发现近两天饵料的剩余量大大增加，在对河蟹检查后并没有发现蟹病发生，也没有出现明显的水质恶化，就表明河蟹即将蜕壳。

3.检查河蟹体色　蜕壳前的河蟹壳很坚硬，体色深，呈黄褐色或黑褐色，步足硬，腹甲黄褐色的水锈也多。而蜕壳后，河蟹体色变得鲜亮清淡，腹甲白色，无水锈，步足柔软。

4.看河蟹规格大小　定期用地笼对河蟹进行捕捞检查，在生长检查时，捕出的群体中，大部分的河蟹规格差不多，比较整齐；如果发现了体大、体色淡的河蟹，则表明河蟹已开始蜕壳了。这是因为河蟹蜕壳后壳长比蜕壳前增大20%，体重比蜕壳前增长了近1倍。

七、河蟹的蜕壳保护

一是为便于加强对蜕壳蟹的管理，应通过投饵、换水等措施，促进河蟹群体统一蜕壳。

二是为河蟹蜕壳提供良好的环境，给予其适宜的水温、隐蔽的场所和充足的溶氧，池水不可灌得太多，因为水位深，蟹体承受压力大，就会增加蜕壳的困难，所以在建池时要留出一定面积的浅水区，或适当留一定的坡度，供河蟹蜕壳。

三是放养密度合理，放养大小一致，以免因密度过大而造成相互残杀。

四是投饵区和蜕壳区必须严格分开，严禁在蜕壳区投放饵料，蜕壳区如水生植物少，应增投水生植物，并保持安静。

五是每次蜕壳来临前，不仅要投含有钙质和蜕壳素的配合饲料，力求同步蜕壳，而且必须增加动物性饵料的数量，使动物性饵料比例占投饵总量的1/2以上，保持饵料的充足，避免因饲料不足而残食软壳蟹。

六是河蟹蜕壳时喜欢在安静的地方或者隐蔽的地方，因而在大批量河蟹蜕壳时，需有足够的水草，可以临时提供一些水花生、水浮莲等作为蜕壳场所，保持水位稳定。一般不需换水，减少投饵，减少人为干扰，并保持安静，应尽量少让人进入池内，也少用捞海打苗检查，更不能让鹅、鸭等家禽进入培育池，以免河蟹蜕壳受惊，引起死亡（图4-35）。

图4-35　河蟹的蜕壳需要充足的水草

七是在清晨巡塘时，发现软壳蟹，可捡起放入水桶中暂养1～2小时，水桶内可放入适量的离子钙或蜕壳素，用水化开，待河蟹吸水涨足，能自由爬动后，再放回原池。如有条件的话，可以收取刚蜕壳的河蟹另池专养。

八是河蟹在蜕壳后蟹壳较软，需要稳定的环境，此时不能施肥、换水，饵料的投喂量也要减少，以观察为准。待河蟹蟹壳变硬，体能恢复后出来大量活动，沿池边寻食时，可以大量投饵，强化河蟹的营养，促进生长。

第九节　成蟹的捕捞与运输

一、捕捞时间

"秋风呼，蟹爪痒"，经过一个夏季的饲养，到了秋天时，"黄满膏肥"，这时就可以捕捞了。一般大水面捕捞时间宜在重阳节前后，精养蟹池的捕捞时间可以推后一点，为了提高大水面的捕获量，可将重阳节期间捕捞的河蟹放入精养池中进一步囤养。

二、地笼张捕

最有效的捕捞方式是用地笼张捕，地笼网是最常用的捕捞工具。每只地笼长10～20米，分成10～20个方形的格子，每只格子间隔的地方两面带倒刺，笼子上方织有遮挡网，地笼的两头为圆形，地笼网以有结网为好（图4-36）。

头天下午或傍晚把地笼放入池边浅水中，里面放进腥味较浓的鱼块、鸡肠等作诱饵效果更好，网衣尾部露出水面，傍晚时分，河蟹出来寻食时，闻到腥味，寻味而至，碰到笼子后，笼子上方有网挡着，爬不上去，便四处找入口，就钻进了笼子。进了笼子的河蟹滑向笼子深处，成为笼中之蟹。第2天早晨就可以从笼中倒出河蟹（图4-37）。

图4-36　捕捞河蟹的地笼

图4-37　地笼捕蟹

三、手抄网捕捞

把手抄网上方扎成四方形，下面留有带倒锥状的漏斗，沿蟹塘边沿地带或水草丛生处，不断地用杆子赶，河蟹进入四方形抄网中，提起网，河蟹就留在了网中。这种捕捞法适宜用在水浅而且河蟹密集的地方，特别是在水草比较茂盛的地方效果非常好。

四、干池捕捉

抽干水塘的水，河蟹便集中在塘底，用人工手捡的方式捕捉。需要注意的是，抽水之前最好先将池边的水草清理干净，避免河蟹躲藏在草丛中；抽水的速度最好快一点，以免河蟹进洞。

五、成蟹的运输

根据河蟹的商品特性，销售的商品蟹必须鲜活，这是因为河蟹一旦死亡，它体内的组氨酸就会分解转化成有毒性的组胺，对人体是非常不利的，如果食用不当，会造成人体中毒。因此，如何保证河蟹鲜活并安全运输到销售地点，是商品蟹运输中的重要一环。

少量的商品蟹可以用手提或包拎，也可以用草绳或塑料绳将蟹捆绑随身带走。但是大批量商品蟹的运输就不是这么简单了，首先在运输前需要对商品蟹进行适当的包装，这种包装对于提高河蟹的品牌价值和市场认知度是非常有好处的。商品蟹的包装可分为精包装和简包装，目前常用的包装是简包装，工具有蟹笼、竹筐、柳条筐及草包、蒲包、木桶等。商品蟹在包装时，应先在蟹笼、竹筐中垫入一层浸湿的稀眼草包或者蒲包，然后将挑选待运的商品蟹逐只分层码放在筐内。放置时，应使河蟹背部朝上腹部朝下，力求码放平整、紧凑，沿笼、筐边缘的河蟹，码放时还应使其头部朝上。河蟹装满后，用浸湿的草包盖好，再加盖压紧捆牢，不使河蟹在筐内活动，尽可能减少体力的消耗，以提高运输存活率。精包装是专门用于礼品蟹的包装，走的销售方式是高端路线，一般用于大规格、无公害、品牌效应好的商品蟹，例如，阳澄湖的大闸蟹就是一对一对进行包装的，价格也达到了每只近百元（图4-38、图4-39）。

图4-38 精包装运输的河蟹

图4-39 网袋集中装运的河蟹

商品蟹大批量长途运输可用汽车、轮船或飞机。运输装车前，应将装好蟹的蟹筐在水中浸泡一下，或用人工喷水，使蟹筐和蟹鳃腔内保持一定的水分，以保证河蟹在运输途中始终处于潮湿的环境中。装满蟹的蟹笼、蟹筐，在装卸时要注意轻拿轻放，禁止抛掷或挤压。用汽车长途装运，蟹笼、蟹筐上还要用湿蒲包或草包盖好，使两侧和迎风面不被风吹、日晒。途中要定期加水喷淋。运输1~2天中转时，应打开蟹筐，检查筐内河蟹存活情况，如发现死蟹较多，需立即倒筐，剔除死蟹，并用新鲜河水冲洗活蟹，以防途中死亡蔓延。

第十节　池塘微孔增氧养殖河蟹

一、池塘微孔增氧的概念

池塘微孔增氧技术就是池塘管道微孔增氧技术，也称纳米管增氧，是近几年涌现出来的一项水产养殖新技术，是国家重点推荐的一项新型渔业高效增氧技术，有利于推进生态、健康、优质、安全养殖。

微孔管增氧装置是利用三叶罗茨鼓风机通过微孔管将新鲜空气从水深 1.5～2 米的池塘底部均匀地在整个微孔管上以微气泡形式逸出，微气泡与水充分接触产生气液交换，氧气溶入水中，能大幅度提高水体溶解氧含量，达到高效增氧目的，现已广泛应用于水产养殖上。

池塘中溶氧的状况是影响河蟹摄食量及饲料食入后消化吸收率，以及生长速度、饵料系数高低的重要因素。所以，增氧显得尤为重要，使用增氧机可以有效补充水塘中的溶解氧。一般用水车式增氧机的池塘，上层水体很少缺氧，但却难以为池底提供充足氧气，所以缺氧都是在池塘底部。池塘微孔增氧技术正是利用了池塘底部铺设的管道，把含氧空气直接输到池塘底部，从池底往上向水体散气补充氧气，使底部水体一样保持高的溶解氧，防止底层缺氧引起的水体亚缺氧，同时它也会造成水流的旋转和上下对流，将底部有害气体带出水面，加快对池底氨、氮、亚硝酸盐、硫化氢的氧化，抑制底部有害微生物的生长，改善了池塘的水质条件，减少了病害的发生。在主机相同功率的情况下，微孔增氧机的增氧能力是叶轮式增氧机的3倍，为当前主要推广的增氧设施。

二、池塘微孔增氧的类型及设备

1.点状增氧系统 又称短条式增氧系统，就像气泡石一样进行工作，在增氧时呈点状分布，具有用微孔管少、成本低、安装方便的优点。它的主要结构为主管、支管、微孔曝气管三部分。支管长度一般在50米以内，在支管道上每隔2～3米有固定的接头连接微孔曝气管，而微管也是较短的，一般在15～50厘米。

2.条形增氧系统 就是在增氧时呈长条形分布，比点状增氧效率更高一点，当然成本也要高一点，需要的微管也多一点。曝气管总长度在60米左右，管间距10米左右，每根微管30～50厘米；同时，微孔曝气管应距池底10～15厘米，不能紧贴着底泥，每亩配备鼓风机功率0.1千瓦。

3.盘形增氧系统 这是目前使用效率最高的一种微孔增氧系统，

也是制作最复杂的系统，在增氧时，氧气呈盘子状释放，具有立体增氧的效果。使用时用4～6毫米直径钢筋弯成盘框，曝气管固定在盘框上，盘框总长度15～20米，每亩装3～4只曝气盘，盘框需固定在距池底10～15厘米处。每亩配备鼓风机功率0.1～0.15千瓦。

无论采用哪种微管增氧系统，都需要主机为池塘的氧气提供来源。一般选择罗茨鼓风机，因为它具有寿命长、送风压力高、送风稳定性和运行可靠性强的特点，功率大小依水面面积而定。15～20亩（2～3个塘）可选3千瓦一台；30～40亩（5～6个塘）可选5.5千瓦一台。总供气管

图4-40　微孔增氧的主机

架设在池塘中间上部，高于池水最高水位10～15厘米，并贯穿整个池塘，呈南北向。总管后面一般接上支管，然后再接微管（图4-40）。

三、微孔增氧的合理配置

在池塘中利用微孔增氧技术养殖河蟹时，微孔系统的配置是有讲究的。根据相关专家计算，1.5米以上深的每亩精养塘需40～70米长的微孔管（内、外直径为10毫米和14毫米）。在水体溶氧低于4毫克/升时，开机曝气2小时能提高溶氧到5毫克/升以上。

对于微管的管径也有一定的要求，如水深1.5～3米之间的露天养殖水体，用外直径14毫米、内直径10毫米的微孔管，每根管长度不超过50米；工厂化养殖水体，水深3～4米的，用外直径14～14.5毫米、内直径10毫米的微孔管，管长不超过50米；水深1.5米以下的大水面，用外直径17毫米、内直径

图4-41　微孔增氧管的配置

12毫米的微孔管，管长不超过60米（图4-41）。

四、微管的布设技巧

利用微孔增氧技术，强调的是微管的作用，因此微管的布设也是很有讲究的，这里以一家养殖河蟹的池塘为例来说明微管的布设技巧。这口池塘正常蓄水为水深1米，要求微管布在离池底10厘米处，也可以说要布设在水平线下90厘米处，这样我们可用两根长1.2米以上的竹竿，把微孔管分别固定在竹竿的由下向上的30厘米处，而后再向上在90厘米处打一个记号，再后两人各抓一根竹竿，各向池塘两边把微孔管拉紧后将竹竿插入塘底，直至打记号处到水平为止。在布设管道时，一定要将微管底部固定好，不能出现管子脱离固定桩而浮在水面的情况。要注意的是充气管在池塘中的安装高度尽可能保持一致，底部有沟的池

图4-42 微孔增氧管的安装

塘，滩面和沟的管道铺设宜分路安装，并有阀门单独控制。如果塘底深浅不在一个水平线上，则以浅的一边为准布管（图4-42）。

在微管设置时要注意不要和水草紧紧地靠在一起，要距离水草10厘米左右，以免过大的气流将水草根部冲起。

五、安装成本

微孔管道增氧系统的安装成本，大概可分为四个档次，各养殖户要根据自己的经济状况和养殖面积合理选择。一是用全新的罗茨鼓风机与纳米管搭配，安装成本为1 300~1 500元/亩；二是用旧罗茨鼓风机与纳米管（包括塑料管）搭配，安装成本为800~1 000元/亩；三是用旧罗茨鼓风机与饮用水级PVC管搭配，安装成本为500~600元/亩；四是旧罗茨鼓风机与电工用PVC管搭配，安装成本为300~500元/亩。

六、使用方法

在河蟹池塘里布设微管的目的是增加水体的溶氧，因此增氧系统的使用方法就显得非常重要。

一般情况下，我们是根据水体溶氧变化的规律，确定开机增氧的

时间和时段。4~5月，在阴雨天半夜开机增氧；6~10月的高温季节每天开启时间应保持在6小时左右，每天16：00时开始开机2~3小时，日出前后开机2~3小时，连续阴雨或低压天气，可视情况适当延长增氧时间，可在21：00~22：00时开机，持续到第2天中午；养殖后期，勤开机，促进河蟹的生长。

另外在晴天中午开机1~2小时，搅动水体，增加底层溶氧，防止有害物质的积累；在使用杀虫消毒药或生物制剂后开机，使药液充分混合于养殖水体中，而且不会因用药引起缺氧现象；在投喂饲料的2小时内停止开机，保证河蟹吃食正常。

七、加强管理

在使用微孔增氧养殖河蟹时，单单有增氧效果还是不能将河蟹养大的，还需要做好种植水草、投喂饲料、科学防逃逸、控制水质和预防疾病等管理措施。具体的管理措施同池塘养殖河蟹是一样的，请读者朋友参阅前文。

八、微孔增氧养殖实际效果

采用微孔增氧技术养殖河蟹，池塘水质稳定，减小了河蟹的应激反应，河蟹的规格大而整齐、病害少、品质好、增重显著，在养殖过程中很少生病。

第五章　稻田养蟹

稻田养蟹是综合利用水稻、河蟹的生态特点达到稻蟹共生、相互利用，从而使稻蟹双丰收的一种高效立体生态农业，是动植物生产有机结合的典范，是农村种养殖立体开发的有效途径，其经济效益是单作水稻的3～5倍。

并不是所有的稻田都适合养殖河蟹，也并不是所有适合养殖的稻田都可以直接用于河蟹的养殖。因此在养殖前需要对稻田进行科学的选择，在选择好适宜养殖的基础上，还要对稻田进行科学的改造，比如开挖田间沟和鱼溜、筑好田埂、建好防逃设施等田间工程；在放养前还要对稻田的内部环境进行消毒、杀菌、解毒、种草投螺等处理。

第一节　科学选址

良好的稻田条件是获得高产、优质、高效的关键之一。稻田是河蟹的生活场所，是它们栖息、生长、繁殖的环境，许多增产措施都是通过稻田水环境作用于河蟹，故稻田环境条件的优劣，对河蟹的生存、生长和发育，有着密切的关系。良好的环境不仅直接关系到河蟹产量的高低，同时对长久的发展有着深远的影响。

总的来说，养殖河蟹的稻田既不能受到污染，同时又不能污染环境，还要方便生产经营、交通便利且具备良好的疾病防治条件。在场址的选择上重点要考虑以下几个要点，包括稻田位置、面积、地势、土质、水源、水深、防疫、交通、电源、稻田形状、周围环境、排污与环保等诸多方面，需周密计划，事先勘察，才能选好场址。在可能的条件下，应采取措施，改造稻田，创造适宜的环境条件以提高稻田河蟹的产量和效益。

一、规划要求

1.面积　面积少则十几亩，多则几十亩、上百亩都可，面积大比面积小更好（图5-1）。

图5-1　稻田养蟹

2.自然条件　在规划设计时，要充分勘查了解规划建设区的地形、水利等条件，有条件的地区可以充分考虑利用地势自流进排水，以节约动力提水所增加的电力成本。同时还应考虑洪涝、台风等灾害因素的影响，对连片稻田的进排水渠道、田埂、房屋等应注意考虑排涝、防风等问题。

3.水源、水质条件　水源是河蟹养殖的先决条件之一。在选水源的时候，首先供水量一定要充足，包括河蟹养殖用水、水稻生长用水及工人生活用水，确保雨季水多不漫田、旱季水少不干涸、排灌方便、无有毒污水和低温冷浸水流入；其次是水源不能有污染，水质良好，要符合饮用水标准。在养殖之前，一定要先观察养殖场周边的环境，不要建在化工厂附近，也不要建在有工业污水注入区的附近。

水源分为地面水源和地下水源，无论是采用哪种水源，一般应选择在水量丰足、水质良好的水稻生产区进行养殖。如果采用河水或水库水等地表水作为养殖水源，要考虑设置防止野生鱼类进入的设施，以及周边水环境污染可能带来的影响，还要考虑水的质量，一般要经严格消毒后才能使用。如果没有自来水水源，则应考虑打深井取水等地下水作为水源，因为在8～10米的深处，细菌和有机物相对减少。要考虑供水量是否满足养殖需求，一般要求在10天左右能够把稻田注满且能循环用水一遍。因此，要求农田水利工程设施要配套，有一定的灌排条件。

二、土壤、土质

稻田的土壤与水直接接触，对水质的影响很大。在养殖前，要充分调查了解当地的地质、土壤、土质状况，要求：一是场地土壤以往未被传染病或寄生虫病原体污染过；二是具有较好的保水、保肥、保温能力，还要有利于浮游生物的培育和增殖。不同的土壤和土质对河蟹养殖的建设成本和养殖效果影响很大。

根据生产的经验，饲养河蟹的稻田土质要肥沃，以壤土最好，黏土次之，沙土最劣。因为黏性土壤的保持力强，保水力也强，渗漏力小。沙质土或含腐殖质较多的土壤，保水力差，在进行田间工程尤其是做田埂时容易渗漏、崩塌，不宜选用。含铁质过多的赤褐色土壤，浸水后会不断释放出赤色浸出物，这是土壤释放出的铁和铝，而铁和铝会将磷酸和其他藻类必需的营养盐结合起来，使藻类无法利用，也使施肥无效，水肥不起来，对河蟹生长不利，也不适宜选用。如果表土性状良好，而底土呈酸性，在挖土时，则尽量不要触动底土。底质的pH值也是考虑的一个重要因素，土壤pH值低于5或高于9.5的地区不适宜养殖河蟹。

三、交通运输条件

交通便利主要是考虑运输的方便，如饲料的运输、养殖设备材料的运输、河蟹苗种及成品河蟹的运输等。如果养殖河蟹的稻田位置太偏僻，交通不便，不仅不利于养殖户自己的运输，还会影响客户的来往。另外，养殖河蟹的稻田最好是靠近饲料的来源地区，尤其是天然动物性饲料来源地一定要优先考虑。

第二节　田间工程建设

一、开挖沟溜

这是科学养河蟹的重要技术措施，稻田因水位较浅，夏季高温对河蟹的影响较大，因此必须在稻田四周开挖环形沟。在保证水稻不减产的前提下，应尽可能地扩大蟹沟和蟹溜的面积，最大限度地满足河蟹的生长需求。河蟹沟溜的开挖面积一般不超过稻田的8%，面积较大的稻田，还应开挖"田"字形或"川"字形或"井"字形的田间沟，但面积宜控制在10%以内。环形沟距田间1.5米左右，环形沟上口宽3米，下口宽0.8米；田间沟沟宽1.5米，深0.5~0.8米。河蟹沟溜既可防止水田干涸和作为烤稻田、施追肥、喷农药时河蟹的退避处，也是夏季高温时河蟹栖息隐蔽遮阴的场所（图5-2）。

图5-2　开挖的沟溜

沟溜的位置、形状、数量、大小应根据稻田的自然地形和稻田面积的大小来确定。一般来说，面积比较小的稻田，在田头四周开挖一条河蟹沟溜即可；面积比较大的稻田，可每间隔50米左右在稻田中央多开挖几条沟溜，当然周边沟较宽些，田中沟可以窄些。

根据生产实践，目前使用比较广泛的田间沟有以下几种。

1.沟溜式田间沟　沟溜式的开挖形式有多样，先在田块四周内外挖一套围沟，宽5米，深1米，距田埂1米左右，以免田埂塌方堵塞鱼沟，沟上口宽3米，下口宽1.5米。然后在田内开挖多条"田""十""日""弓""井"或"川"字形鱼沟，鱼沟宽60~80厘米，深20~30厘米，在鱼沟交叉处挖1~2个鱼溜，鱼溜开挖成方形、圆形均可，面积1~4平方米，深40~50厘米。鱼溜形状有长方形、正方形和圆形等，总面积占稻田总面积的5%~10%。鱼溜的作用是，当水温太高或偏低时，是河蟹避暑防寒的场所；在水稻晒田和喷农药、施肥及夏季时是河蟹的隐蔽、遮阴、栖息场所，同时鱼溜在起捕时便于集中捕捉，也可作为暂养池（图5-3）。

2.**宽沟式田间沟**　这种稻田工程类似于沟溜式，就是在稻田进水口的一侧田埂的内侧方向，开挖一条深1.2米、宽2.5米的宽沟，这条宽沟的总面积约为稻田总面积的7%。宽沟的内埂要高出水面25厘米左右，每间隔5米开挖一个宽40厘米的缺口与稻田相连通，这样的目的是保证河蟹能在宽沟和稻田之间顺利进出。当然，在春耕前或插秧期间，可以让河蟹在宽沟内暂养，待秧苗返青后再让河蟹进入稻田里活动、觅食（图5-4）。

图5-3　沟溜式田间沟

图5-4　宽沟式田间沟

3.**田塘式田间沟**　也叫鱼凼式田间沟。田塘式有两种，一种是将养鱼塘与稻田接壤相通，河蟹可在塘、田之间自由活动和吃食；另一种就是在稻田内或外部低洼处挖一个鱼塘，鱼塘与稻田相通，如果是在稻田里挖塘时，鱼塘的面积占稻田面积的10%～15%，深度为1米。鱼塘与稻田以沟相通，沟宽、深均为0.5米。

4.**垄稻沟鱼式田间沟**　垄稻沟鱼式田间沟是把稻田的周围沟挖宽挖深，田中间也隔一定距离挖宽的深沟，所有的宽的深沟都通鱼溜，养的河蟹可在田中四处活动觅食。在插秧后，可把秧苗移栽到沟边。沟四周栽上占地面积约1/4的水花生作为河蟹栖息场所。

5.**流水沟式田间沟**　流水沟式田间沟是在田的一侧开挖占总面积3%～5%的鱼溜。接着溜顺着田开挖水沟，围绕田一周，在鱼溜另一端沟与鱼溜接壤，田中间隔一定距离开挖数条水沟，均与围沟相通，形成一活的循环水体，对田中的稻和河蟹的生长都有很大的促进作用。

6.回形沟式田间沟 就是把稻田的田间沟或鱼沟开挖成"回"字形，这种方式的优点是在水稻生长期，达到稻虾、盘蟹共生，既种稻又养河蟹的目的；当稻谷成熟收割后，可以灌溉水位，甚至完全淹没稻田的内部，提高了水体的空间，有利于河蟹的养殖。其他的和沟溜式是相似的。

二、加高加固田埂

为了保证养殖河蟹的稻田达到一定的水位，防止田埂渗漏，增加河蟹活动的立体空间，有利于河蟹的养殖，就必须加高、加宽、加固田埂。可将开挖环形沟的泥土垒在田埂上并夯实，确保田埂高达1.0～1.2米，宽1.2～1.5米，并打紧夯实，要求做到不裂、不漏、不垮，在满水时不能崩塌，以免河蟹逃跑。如果条件许可，可以在防逃网的内侧种植一些黑麦草、南瓜、黄豆等植物，既可以为周边沟遮阳，又可以利用其根系达到护坡的目的（图5-5）。

图5-5 加高加固田埂

三、进排水系统

河蟹养殖的进排水系统是非常重要的组成部分，进排水系统规划建设的好坏直接影响到河蟹养殖的生产效果和经济效益。稻田养殖的进排水渠道一般是利用稻田四周的沟渠建设而成，对于大面积连片养殖稻田的进排水总渠在规划建设时应做到进排水渠道独立，严禁进排水交叉污染，防止河蟹的疾病传播。设计规划连片稻田进排水系统时还应充分考虑稻田养殖区的具体地形条件，尽可能采取一级动力取水或排水，合理利用地势条件设计进排水自流形式，降低养殖成本。可采取高灌低排的格局，建好进排水渠，做到灌得进，排得出，定期对进排水总渠进行整修消毒。稻田的进排水口应用双层密网防逃，同时也能有效地防止蛙卵、野杂鱼卵及幼体进入稻田危害蜕壳河蟹；为了防止夏天雨季冲毁田埂，可以开设一个溢水口，溢水口也用双层密网过滤，防止河蟹趁机顶水逃走（图5-6）。

图5-6 做好进排水系统

四、防逃设施要到位

从一些地方的经验来看，有许多农户在稻田养殖河蟹时并没有在田埂上建设专门的防逃设施，而产量也没有降低，所以有人认为在稻田中可以不要防逃设施。经过我们和相关专家分析：一方面是因为在稻田中采取了稻草还田或稻桩较高的技术，为河蟹提供了非常好的隐蔽场所和丰富的饵料；第二方面与我们的放养数量有很大的关系，在密度和产量不高的情况下，河蟹互相之间的竞争压力不大，没有必要逃跑；第三个方面就是大家都没有做防逃设施，河蟹的逃跑是呈放射性的，最后是谁逮着算谁的产量，由于河蟹跑进跑出的机会是相等的，所以大家没有感觉到产量降低。

我们认为，由于河蟹具有较强的逃跑能力，如果要进行高密度的养殖，要取得高产量和高效益，还是很有必要在田埂上建设防逃设施的。

防逃设施有多种，常用的有两种，第一种是安插高55厘米的硬质钙塑板作为防逃板，埋入田埂泥土中约15厘米，每隔75～100厘米处用一木桩固定。注意四角应做成弧形，防止河蟹沿夹角攀爬外逃。第二种防逃设施是采用麻布网片或尼龙网片或有机纱窗和硬质塑料薄膜共同防逃，在易涝的低洼稻田主要以这种方式防逃。用高1.2～1.5米的密网围在稻田四周，用高50厘米的有机纱窗围在田埂四周，用质量好的直径为4～5毫米的聚乙烯绳作为上纲，缝在网布的上缘，缝制时纲绳必须拉紧，针线从纲绳中穿过。然后选取长度为1.5～1.8米的木桩或毛竹，削掉毛刺，打入泥土中的一端削成锥形，或锯成斜口，沿田埂将桩打入土中50～60厘米，桩间距3米左右，并使桩与桩之间呈直线排列，稻田的拐角处呈圆弧形。将网的上纲固定在木桩上，使网高保持不低于40厘米，然后在网上部距顶端10厘米处再缝上一条宽25厘米的硬质塑料薄膜即可（图5-7）。

图5-7　安装好防逃设施

　　其他的防逃设施还有几种，例如，用竹箔上加盖网防逃，加高田埂围墙防逃，用石壁或水泥板壁防逃，用玻璃、石棉瓦、玻璃纤维板防逃等，各地的养殖户都可以根据当地的材料而科学选用。

　　稻田开设的进排水口应用双层密网防逃，同时也能有效地防止蛙卵、野杂鱼卵及幼体进入稻田危害蜕壳河蟹；同时为了防止夏天雨季冲毁堤埂，稻田应开施一个溢水口，溢水口也用双层密网过滤，防止河蟹趁机逃走。

第三节　水稻栽培

一、水稻品种选择

　　水稻品种要选择分蘖及抗倒伏能力较强、叶片开张角度小，叶片修长、挺直，根系发达、茎秆粗壮、抗病虫害、抗倒伏且耐肥性强的紧穗型且穗型偏大的高产优质杂交稻组合品种，生育期一般以140天左右为宜。

　　由于利用稻田养殖河蟹时，河蟹适宜的投放时间在当年的2月中旬至3月中旬，起捕时间集中在当年10~12月，也就是说，中稻要栽得迟、收得也迟，所以稻子应选择生育期略长的中晚熟中稻品种，如喜两优丝苗、杂交籼稻徽两优6号、丰两优6号、中浙优608、两优培九、桃优香占等。

　　为了确保水稻的生长收成和河蟹的养殖两不误，一定要注意三件事：一是水稻的生长期不能低于130天；二是栽秧最迟不要超过6月20号；三是如果采用撒播或直播法，一定要将秧龄期算在内。

二、育苗前的准备工作

1.苗床地的选择　免耕抛秧育苗床地比一般育苗要求略高些，苗床地选择要求没有被污染且无盐碱、无杂草的地方。由于水稻的苗期生长离不开水，因此要求苗床地的进排水良好且土壤肥沃，在地势上要平坦高燥、背风向阳、四周要有防风设施的环境条件。

2.育苗面积及材料　根据以后需要抛秧的稻田面积来计算育苗的面积，一般按1∶（80～100）的比例进行，也就是说育1亩地的苗可以满足80～100亩的稻田栽秧需求。

育苗用的材料有塑料棚布、架棚木杆、竹皮子、每公顷400～500个的秧盘（钵盘），另外还需要浸种灵、食盐等。

3.苗床土的配制　苗床土的配制原则上要求床土疏松、肥沃，营养丰富、养分齐全，手握时有团粒感，无草籽和石块，更重要的是要求配制好的土壤渗透性良好、保水保肥能力强、偏酸性等。

三、种子处理

1.晒种　选择晴天，在干燥平坦的地上平铺席子或在水泥场摊开，将种子放在上面，厚度3.33厘米，晒2～3天，是为了提高种子活性。这里有个小技巧，就是白天晒种，晚上再将种子装起来，另外在晒的时候要经常翻动种子。

2.选种　这是保证种子纯度的最后一关，主要是去除稻种中的瘪粒和秕谷，种植户自己可以做好处理工作。先将种子下水浸6小时，多搓洗几遍，捞除瘪粒；去除秕谷的方法也很简单，就是最好用盐水来选种。方法是先将盐水按1∶13的比例配制待用，根据计算，一般可用约501千克水加12千克盐就可以制备出来，用鲜鸡蛋进行盐度测试，鸡蛋在盐水液中露出水面5分硬币大小就可以了。把种子放进盐水液中，就可以去掉秕谷，捞出稻谷洗2～3遍就可以了。

3.浸种消毒　浸种的目的是使种子充分吸水，有利发芽；消毒的目的是通过对种子发芽前的消毒，来防治恶苗病的发生概率。目前在农业生产上用于稻种消毒的药剂很多，使用较为普遍的是恶苗净（又称多效灵）。这种药物对预防发芽后的秧苗恶苗病效果极好，使用方法也很简单，取本品一袋（每袋100克），加水50千克，搅拌均匀，然后浸泡稻种40千克，在常温下浸种5～7天就可以了（气温高浸种时间短些，气温低浸种时间长些），浸种后不用清水洗可直接催芽播种。

4.催芽　催芽是水稻种植过程中的一个重要环节，就是通过一定的技术手段，人为地催促稻种发芽，这是确保稻谷发芽的关键步骤之一。生产实践表明，在28～32℃温度条件下进行催芽时，能确保发出来的苗芽整齐一致。一些大型的种养户现在都有了催芽器，这时用催芽器进行催芽效果最好。对于一般的种养户来说，在室内地上、火炕上或育苗大棚内催芽，效果也不错，经济实用。

这里以一般的种养户来说明催芽的具体操作，第一步是先把浸种好的种子捞出，自然沥干；第二步是把种子放到40～50℃的温水中预热，待种子达到温热（约28℃）时，立即捞出；第三步是把预热处理好的种子装到袋子中（最好是麻袋），放置到室内垫好的地上（地上垫30厘米稻草，铺上席子），或者放到火炕上，也要垫好，种子袋上盖上塑料布或麻袋；第四步是加强观察，在种子袋内插上温度计，随时查看温度，确保温度维持在28～32℃之间，同时保持种子的湿度；第五步是每隔6小时左右将装种子的袋子上下翻倒一次，使种子温度与湿度尽量上下、左右保持一致；第六步是晾种，这是因为种子在发芽的过程中自己产生大量的二氧化碳，使口袋内部的温度自然升高，稍不注意就会因高温烤坏种子，所以要特别注意。一般2天就能发芽，当破胸露白80%以上时就开始降温，适当晾一晾，芽长1毫米左右时就可以用来播种。

四、播种

1.架棚、做苗床　一般水稻育苗棚的规格是宽5～6米，长20米，每棚可育秧苗100平方米左右。为了更好地吸收太阳的光照，促进秧苗的生长发育，架设大棚时以南北向较好。

可以在棚内做两个大的苗床，中间步道30厘米宽，方便人进去操作和查看苗情，四周为排水沟，便于及时排出过多的雨水，防止发生涝渍。每平方米施腐熟农家肥10～15千克，浅翻8～10厘米，然后搂平，浇透底水。

2.播种时期的确定　应根据当地当年的气温和品种熟期确定适宜的播种日期。这是因为气温决定了稻谷的发芽，而水稻发芽最低温度为10~12℃，因此只有当气温稳定通过5~6℃时方可播种，时间一般在4月上中旬左右。

3.播种量的确定　播种量多少直接影响到秧苗素质，一般来说，稀播能促进培育壮秧。旱育苗每平方米播量干籽150克（3两），芽籽200克（4两）；机械播秧盘育苗的每盘100克（2两）芽籽；钵盘育苗的每盘50克（1两）芽籽。超稀植栽培每盘播35~40克（0.7~0.8两）催芽种子。总之播种量一定严格掌握，不能过大，对育壮苗和防止立枯病极为有利。

4.播种方法　稻谷播种的方法通常有三种。

（1）隔离层旱育苗播种：在浇透水的苗床上铺一层打孔（孔距4厘米，孔径4毫米）塑料地膜，接着铺2.5~3厘米厚的营养土，每平方米浇1 500倍敌克松液5~6千克，盐碱地区可浇少量酸水（水的pH值为4），然后用手工播种，播种要均匀，播后轻轻压一下，使种子和床土紧贴在一起，再均匀覆土1厘米，然后用苗床除草剂封闭。播后在上边再平铺地膜，以保持水分和温度，以利于整齐出苗。

（2）秧盘育苗播种：秧盘（长60厘米，宽30厘米）育苗每盘装营养土3千克，浇水0.75~1千克，播种后每盘覆土1千克，置床要平，摆盘时要盘盘挨紧，然后用苗床除草剂封闭。上面平铺地膜。

（3）采用孔径较大的钵盘育苗播种：钵盘规格目前有两种，一种是每盘有561个孔的，另一种是每盘有434个孔的。目前常规耕作抛秧育苗所用的塑料软盘或纸筒的孔径都较小，育出的秧苗带土少，抛到免耕大田中秧苗扎根迟、立苗慢、分蘖迟且少，不利于秧苗的前期生长和河蟹及时进入大田生长。因此，我们在进行稻蟹连作共生精准种养时，宜改用孔径较大的钵体育苗，可提高秧苗素质，有利于促进秧苗的扎根、立苗及叶面积发展、干物质积累、有效穗数增多、粒数增加及产量的提高。由于后一种育苗钵盘的规格能育大苗，因此提倡用434个孔的钵盘，每亩大田需用塑盘42~44个；育苗纸筒的孔径为

2.5厘米，每亩大田需用纸筒4卷（每卷4 400个孔）。播种的方法是先将营养床土装入钵盘，浇透底水，用小型播种器播种，每孔播2～3粒（也可用定量精量播种器），播后覆土刮平。

五、秧田管理

俗话说："秧好一半稻。"育秧的管理技巧是：要稀播，前期干，中期湿，后期上水，培育带蘖秧苗，秧龄30～40天，可根据品种生育期长短、秧苗长势而定。因此秧苗管理要求管得细致，一般分四个阶段进行。

第一阶段是从播种至出苗时期。这段时间主要是做好大棚内的密封保温、保湿工作，保证出苗所需的水分和温度，要求大棚内的温度控制在30℃左右，如果温度超过35℃时就要及时打开大棚的塑料薄膜，达到通风降温的目的。这一阶段的水分控制是重点，如果发现苗床缺水就要及时补水，确保棚内的湿度达到要求。在这一阶段，如果苗床的底水未浇透，或苗床有渗水现象，就会经常出现出苗前芽有干枯现象。一旦发现苗床里的秧苗出齐就要立即撤去地膜，以免发生烧苗现象。

第二阶段是从出苗开始到出现1.5叶期。在这个阶段，秧苗对低温的抵抗能力是比较强的，管理的重心是注意床土不能过湿，因为过湿的土壤会影响秧苗根的生长，因此在管理中要尽量少浇水；另外就是温度一定要控制好，适宜控制在20～25℃，在高温晴天时要及时打开大棚的塑料薄膜，通风降温。

当秧苗长到1叶1心时，要注意防治立枯病，可用立枯一次净或特效抗枯灵药剂，使用方法为每袋40克兑水100～120千克，浇施40平方米秧苗。如果播种后未进行药剂封闭除草，1叶1心期是使用敌稗草的最佳时期，用20%敌稗草乳油兑水40倍于晴天无露水时喷雾，用药量为每亩1千克，施药后棚内温度控制在25℃左右，半天内不要浇水，以提高药效。另外，这一阶段还要防止苗枯现象或烧苗现象的发生。

第三阶段是从1.5叶到3叶期。这一阶段是秧苗的离乳期前后，也是立枯病和青枯病的易发生期，更是培育壮秧的关键时期，所以这一时期的管理工作千万不可放松。由于这一阶段秧苗的特点是对水分最不敏感，但是对低温抗性强。因此我们在管理时，都是将床土水分控制在一般旱田状态，平时保持床面干燥就可以了，只有当床土有干裂现象时才能浇水，这样做的目的是促进根系发达，生长健壮。棚内的温度可控制在20～25℃，在遇到高温晴天时，要及时通风炼苗，防止秧苗徒长。

在这一阶段有一个最重要的管理工作不可忘记，就是要追一次离乳肥，每平方米苗床追施硫酸铵30克兑水100倍喷浇，施后用清水冲洗一次，以免化肥烧叶。

第四个阶段是从3叶期开始直到插秧或抛秧。水稻采用免耕抛秧栽培时，要求培育带蘖壮秧，秧龄要短，适宜的抛植叶龄为3～4片叶，一般不要超过4.5片叶。抛后大部分秧苗倒卧在田中，适当的小苗抛植，有利于秧苗早扎根，较快恢复直生状态，促进早分蘖，延长有效分蘖时间，增加有效穗数。这一时期的重点是做好水分管理工作，因为这一时期不仅秧苗本身的生长发育需要大量水分，而且随着气温的升高，蒸发量也大，培育床土也容易干燥，因此浇水要及时、充分，否则秧苗会干枯甚至死亡。由于临近插秧期，这时外部气温已经很高，基本上达到秧苗正常生长发育所需的温度条件，所以大棚内的温度宜控制在25℃以内，中午时再全部掀开大棚的塑料薄膜，保持大通风，棚裙白天可以放下来，晚上外部温度在10℃以上时可不盖棚裙。为了保证秧苗进入大田后的快速返青和生长，一定要在插秧前3～4天追一次"送嫁肥"，每平方米苗床施硫酸铵50～60克兑水100倍，然后用清水洗一次。还有一点需要注意的是，为了预防潜叶蝇，在插秧前用40%乐果乳液兑水800倍在无露水时进行喷雾。插前人工拔一遍大草。

六、培育矮壮秧苗

在进行稻蟹连作共生精准种养时，为了兼顾河蟹的生长发育和在稻田活动时对空间和光照的要求，我们在培育秧苗时，旱育秧搞好苗床配肥、增加秧田面积、普施壮秧剂、降低播量、提早追肥，湿润秧窄墒稀播精管，秧龄30天；两段育秧1～2株规格寄秧，总秧龄40天，培育扁蒲状带蘖壮秧。为了达到秧苗矮壮、增加分蘖和根系发达的目的，可适当应用化学调控的措施，如使用多效唑、烯效唑、ABT生根粉、壮秧剂等。目前育秧最常用的化学调控剂是多效唑，使用方法为：①拌种。按每千克干谷种用多效唑2克的比例计算多效唑用量，加入适量水将多效唑调成糊状，然后将经过处理、催芽破胸露白的种子放入拌匀，稍干后即可播种。②浸种。先浸种消毒，然后按每千克水加入多效唑0.1克的比例配制成多效唑溶液，将种子放入该药液中浸10~12小时后催芽。这种方式对稻蟹连作共生精准种养的育秧比较适宜。③喷施。种子未经多效唑处理的，应在秧苗的1叶1心期用0.02%~0.03%的多效唑药液喷施。

七、人工移植

1.施足基肥 科学配方施肥，增施有机肥。亩产600千克，一般亩施纯氮15千克，磷、钾素6~10千克。氮肥中基蘖肥、穗肥比例，籼稻为7：3，粳稻为6：4。养河蟹稻田基肥要增施有机肥，如亩施腐熟菜籽饼50千克等；化肥亩施25%三元复合肥50千克、碳酸铵25千克或尿素7.5千克。栽后7天结合化学除草剂除草，亩施分蘖肥尿素10千克。抽穗前18天左右亩施保花穗肥尿素6千克加钾肥5千克。

2.插秧时期确定 在进行稻田养殖河蟹时，人工插秧的时间还是有讲究的，我们建议在5月上旬插秧（5月10日左右），最迟一定要在5月底全部插完秧，不插6月秧。具体的插秧时间还受到下面几个因素影响。一是根据水稻的安全出穗期来确定插秧时间，水稻安全出穗期间的温度25~30℃较为适宜，只有保证出穗期有适合的有效积温，才能保证安全成熟。根据资料表明，江淮一带每年以8月上旬出穗为宜。二是根据插秧时的温度来决定插秧时间，一般情况下水稻生长最低温度14℃，泥温13.7℃，叶片生长温度是13℃。三是要根据主栽品种生育期及所需的积温量安排插秧期，要保证有足够的营养生长期，中期的生殖期和后期有一定灌浆结实期。

3.人工栽插密度 插秧质量要求，垄正行直，浅播，不缺穴。合理的株行距不仅能使个体（单株）健壮生长，而且能促进群体最大发展，最终获得高产。可采取条栽与边行密植相结合，浅水栽插的方法，插秧密度与品种分蘖力强弱、地力、秧苗素质，以及水源等密切相关。分蘖力强的品种插秧时期早，土壤肥沃或施肥水平较高的稻田，秧苗健壮，移植密度以30厘米×35厘米为宜，每穴4～5棵秧苗，确保河蟹生活环境通风透气性能好；对于肥力较低的稻田，移栽密度为25厘米×25厘米；对于肥力中等的稻田，移栽密度以30厘米×30厘米为宜。

4.改良移栽方式　为了适应稻田养殖河蟹的需要，我们在插秧时，可以改良移栽方式，目前效果不错的主要有两种改良方式，一种是三角形种植，以（30×30）厘米～（50×50）厘米的移栽密度、单窝3苗呈三角形栽培（苗距6～10厘米），做到稀中有密，密中有稀，促进分蘖，提高有效穗数；另一种是用正方形种植，也就是行距、窝距相等呈正方形栽培，这样做的目的是可以改善田间通风透光条件，促进单株生长，同时有利于河蟹的运动和蜕壳生长。

第四节　稻田管理

河蟹在稻田中的生活、生长情况是通过水环境的变化来反映的，水是养殖河蟹的载体，各种养河蟹的措施也都是通过水环境作用于河蟹的。因此，水环境成了养殖河蟹者和河蟹之间的"桥梁"，是养殖成败的关键因素。人们研究和处理养殖河蟹生产中的各种矛盾，主要从河蟹的生活环境着手，根据河蟹对水质的要求，人为地控制稻田里的水质，使它符合河蟹生长的需要。

一、水位调节

水位调节，是稻田养殖河蟹过程中的重要一环，应以水稻为主。免耕稻田前期渗漏比较严重，秧苗入泥浅或不入泥，大部分秧苗倾斜、平躺在田面，以后根系的生长和分布也较浅，对水分要求极为敏感，因此在水分管理上要掌握勤灌浅灌、多露轻晒的原则。为了保证水源的质量，同时为了保证成片稻田养殖河蟹时不相互交叉感染，要求进水渠道最好是单独专用的。

1.立苗期　抛秧后5天左右是秧苗的扎根立苗期，应在泥皮水抛秧的基础上，继续保持浅水，保持在10厘米左右，以利早立苗。如遇大雨，应及时将水排干，以防漂秧。此时期若灌深水，则易造成倒苗、漂苗，不利于扎根；若田面完全无水易造成叶片萎蔫，根系生长缓慢。这一阶段的河蟹要么可以暂时不放养，要么可以在稻田的一端进行暂养，也可以放养在田间沟里，具体的方法各养殖户可根据自己的实际情况灵活掌握。

2.分蘖期　抛秧后5~7天，一般秧苗已扎根立苗，并渐渐进入有效分蘖期，此时可以放养河蟹，田水宜浅，一般水层可保持在10~15厘米。始蘖至够苗期，应采取薄水促分蘖，切忌灌深水，保证水稻的正常生长。

3.孕穗至抽穗扬花期　这一阶段也是河蟹的生长旺盛期，随着河蟹的不断长大和水稻的抽穗、扬花、灌浆均需大量水。在幼穗分化期后保持湿润，在花粉母细胞减数分裂期要灌深水养穗，严防缺水受旱。可将田水逐渐加深到20~25厘米，以确保两者（河蟹和水稻）需水量的平衡。在抽穗开始后，田中保持浅水层，可慢慢地将水深再调节到20厘米以下，既增加河蟹的活动空间，又促进水稻的增产，使抽穗快而整齐，并有利于开花授粉。同时，还要注意观察田间沟的水质变化，在条件许可时，一般每3~5天换冲水一次；盛夏季节，每1~2天换冲新水，以保持田水清新。

4.灌浆结实期　灌浆期间采取湿润灌溉，保持田面干干湿湿至黄熟期，注意不能过早断水，以免影响结实率和千粒重。

根据免耕抛秧稻分蘖较迟、分蘖速度较慢、够苗时间比常耕抛秧稻迟2~3天、高峰苗数较低、成穗率较高的生长特点，应适当推迟控苗时间，采取多露轻晒的方式露晒田。

二、科学施肥

大田肥料施用量和施肥方法要根据稻田表土层富集养分、下层养分较少的养分分布特点和免耕抛秧稻扎根立苗慢、根系分布浅、分蘖稍迟、分蘖速度较慢、分蘖节位低、够苗时间较迟、苗峰较低等生长特点进行。我们在进行稻田养殖河蟹时，稻田一般以施基肥和腐熟的农家肥为主，促进水稻稳定生长，保持中期不脱力，后期不早衰，群体易控制。在抛秧前2~3天施用，采用有机肥和化肥配合施用增产效果最佳，且兼有提高肥料利用率、培肥地力、改善稻米品质等作用。每亩可施农家肥300千克，尿素20千克，过磷酸钙20～25千克，硫酸钾5千克。如果是采用复合肥作基肥的每亩可施15～20千克。

放养河蟹后一般不施追肥，以免降低田中水体溶解氧，影响河蟹的正常生长。如果发现稻田脱肥，可少量追施尿素，采取勤施薄施方式，每亩不超过5千克，以达到促分蘖、多分蘖、早够苗的目的。原则是减前增后，增大穗、粒肥用量，要求做到前期轰得起（促进分蘖早生快发，及早够苗），中期控得住（减少无效分蘖数量，促进有效分蘖生长），后期稳得起（养根保叶促进灌浆）。施肥的方法是先排浅田水，让河蟹集中到田间沟中再施肥，有助于肥料迅速沉积于底泥中并为田泥和禾苗吸收，随即加深田水到正常深度；也可采取少量多次、分片撒肥或根外施肥的方法。在水稻抽穗期间，要尽量增施钾肥，可增强抗病，防止倒伏，提高结实，成熟时秆青籽黄。

禁用对河蟹有害的化肥如氨水和碳酸氢铵等。

三、科学施药

稻田养河蟹能有效地抑制杂草生长，河蟹能摄食昆虫，降低病虫害，所以要尽量减少除草剂及农药的施用。河蟹入田后，若再发生草荒，可人工拔除。如果确因稻田病害或河蟹疾病严重需要用药时，应掌握以下几个关键技术：①科学诊断，对症下药；②选择高效低毒低残留农药；③由于河蟹是甲壳类动物，也是无血动物，对含磷药物、菊酯类、拟菊酯类药物特别敏感，因此慎用敌百虫、甲胺磷等药物，禁用敌杀死等药；④喷洒农药时，一般应加深田水，降低药物浓度，减少药害，也可放干田水再用药，待8小时后立即上水至正常水位；⑤粉剂药物应在早晨露水未干时喷施，水剂和乳剂药应在下午喷洒；⑥降水速度要慢，等河蟹爬进田间沟后再施药；⑦可采取分片分批的用药方法，即先施稻田一半，过2天再施另一半，同时尽量避免农药直接落入水中，保证河蟹的安全。

四、科学晒田

水稻在生长发育过程中的需水情况是在变化的，养殖河蟹的水稻田，养殖河蟹的需水与水稻的需水是主要矛盾。田间水量多，水层保持时间长，对河蟹的生长是有利的，但对水稻生长却是不利的。农谚对水稻用水进行了科学的总结，那就是"薄水浅栽、深水活棵、浅水分蘖、脱水晒田、复水长粗、间歇灌水孕穗、厚水抽穗、湿润灌浆、干湿交替以湿为主到成熟"。具体来说，就是秧苗在分蘖前期保持湿润或浅水干湿交替灌溉促进分蘖早生快发；到了分蘖后期"够苗晒田"，即当全田总苗数（主茎+分蘖）达到每亩15万~18万时排水晒田，如长势很旺或排水困难的田块，应在全田总苗数达到每亩12万~15万时开始排水晒田；到了稻穗分化至抽穗扬花时，可采取浅水灌溉促大穗；最后在灌浆结实期，可采用干干湿湿交替灌溉、养根保叶促灌浆的技术措施。

有经验的老农常常会采用晒田的方法来抑制无效分蘖，这时的水位很浅，这对养殖河蟹是非常不利的，因此要做好稻田的水位调控工作。生产实践中我们总结一条经验，那就是"平时水沿堤，晒田水位低，沟溜起作用，晒田不伤蟹"。晒田前，要清理河蟹的沟溜，严防田间沟里阻隔与淤塞。养殖河蟹的稻田，为了保证河蟹的生长觅食，晒田总的要求是轻晒或短期晒。晒田时，沟内水深保持在13~17厘米，使田块中间不陷脚，田边表土不裂缝和发白，以见水稻浮根泛白为适度（图5-8）。

图5-8　降水晒田

晒好田后，及时恢复原水位。尽可能不要晒得太久，以免河蟹缺食太久影响生长。

五、病虫草害的防治

1.水稻的病害预防　水稻的病害预防主要是做好稻瘟病、纹枯病、白叶枯病、细菌性条斑病及三化螟、稻纵卷叶螟、稻飞虱等病虫害的防治。特别要注意加强对三化螟的监测和防治，浸田用水的深度和时间要保证，尽量减低三化螟虫源。同时，防治螟虫要细致、彻底。河蟹对菊酯类农药特别敏感，所有的用药一定要用低毒、高效的生化药物，不得用相关部门禁用的药物，尤其是不得使用菊酯类、拟菊酯类、有机磷类药物，例如，养殖河蟹稻田里的水稻治虫应禁用敌杀死、慎用敌百虫等农药，以免毒杀稻田里的河蟹。水稻病虫防治应选用高效、低毒、低残留农药。施药时要严格掌握安全使用浓度，确保河蟹安全，农药多喷入叶面和稻株，尽量不入水中；喷药时加深田水，可降低水中药物浓度；喷药宜在下午进行，用药后及时换一次新鲜水。

2.水稻的虫害　对于稻田的虫害，可以减少施药次数。可在稻田里设置太阳能杀虫灯，利用物理方法杀死害虫，同时这些落到稻田里的害虫也是河蟹的好饵料。

3.稻田的草害　草害根据草相选药防除。对以稗草、莎草、阔叶草为主的移栽大田，在栽后7天，每亩用14%乙苄可湿性粉剂50克，或36%二氯苄可湿性粉剂30～35克，结合追施蘖肥同时进行。稻田里的一些嫩草被河蟹吃掉，但稗草等杂草要用人工薅除。

4.河蟹的病害　对河蟹病害防治，在整个养殖过程中，始终坚持预防为主，治疗为辅的原则。预防方法主要有清淤和消毒；种植水草和移植螺蚬；苗种检疫和消毒；调控水质和改善底质。

在稻田里养殖河蟹时，也会发生一些疾病，目前发现的主要是纤毛虫的寄生。因此要抓好定期预防消毒工作，在放苗前，稻田要进行严格的消毒处理；放养河蟹苗种时用5%食盐水浴洗5分钟，严防病原体带入田内；采用生态防治方法，严格落实"以防为主、防重于治"的原则。每隔15天用生石灰10～15千克/亩溶水全田间沟泼洒，不但起到防病治病的目的，还有利于河蟹的蜕壳。在夏季高温季节，每隔15天，在饵料中添加多维素、钙片等药物以增强河蟹的免疫力。

5.河蟹的敌害 常见的敌害有水蛇、青蛙、蟾蜍、水蜈蚣、老鼠、黄鳝、泥鳅、鸟等，应及时采取有效措施驱逐或诱灭之，平时做好灭鼠工作，春夏季需经常清除田内蛙卵、蝌蚪等。我们在安徽省全椒县的赤镇发现，水鸟和麻雀都喜欢啄食刚蜕壳后的软壳虾，因此一定要注意及时驱除。在放养河蟹初期，稻株茎叶不茂，田间水面空隙较大，此时河蟹的个体也较小，活动能力较弱，逃避敌害的能力较差，容易被敌害侵袭。同时，河蟹每隔一段时间需要蜕壳生长，在蜕壳或刚蜕壳时，最容易成为敌害的适口饵料。到了收获时期，由于田水排浅，河蟹有可能到处爬行，目标会更大，也易被鸟、兽捕食。对此，要加强田间管理，并及时驱捕敌害，有条件的可在田边设置一些彩条或稻草人，恐吓、驱赶水鸟。另外，当河蟹放养后，还要禁止家养鸭子下田沟，避免损失。

第五节　稻田培育蟹种

一、大眼幼体的选购及放养

蟹苗成活率的高低，苗种质量是关键。要选择日龄足、淡化程度好、游泳快的健壮大眼幼体。用于稻田培育蟹种的大眼幼体，一般采用常温下土池育苗或天然苗，放养时间以5月中下旬到6月上旬为宜，太早易导致性早熟，太迟培育的蟹种规格太小，失去了"育扣蟹、养大蟹、赚大钱"的优势。由于稻田育苗面积比较大，天然饵料丰富，光照条件好，植物光合作用旺盛，水体溶氧丰富，每亩可放养1.25~1.75千克规格为15万~16万只/千克的大眼幼体，或者投放经Ⅰ期变态后的规格为5万~6万只/千克的仔幼蟹0.75~1.25千克。

二、科学投饲

提高蟹苗成活率，投饵环节至关重要，初放的10天内一般投喂丰年虫，效果较好，也可投喂豆浆、鱼糜、红虫等鲜活适口饵料，投饵率为河蟹体重的50%左右。随着幼蟹生长速度的加快和变态次数的增多，投饵率逐渐下降至10%。1个月后，幼蟹已完成Ⅲ~Ⅴ期蜕壳，规格在1.5万~2万只/千克，此时开始停喂精料，以投喂水草为主，并辅以少量的浸泡小麦，这样有利于控制性早熟；进入9月中旬，气温渐降，幼蟹应及时补充能量，以适应越冬之需，开始投喂精饲料，投饵率达5%～10%，到11月中旬，确保幼蟹规格达到80～150只/千克（图5-9）。

图5-9　稻田培育蟹种

三、水质调节

幼蟹对水质尤其是溶解氧的要求比较高，初放时水深应超过田面5～10厘米，7～8月高温季节应及时补充新水，并加高水位，以控制水温，改善水质。在早稻收获后，一方面稻桩腐烂会破坏水质，另一方面此时尚处于高温季节，因此要特别注意水温的调控措施，定期泼洒生石灰浆，水源充足时，可在每天下午3～5时换冲水，并使田水呈微流动状态。

四、捕获

利用稻田培育蟹种，在捕获时可采用以下几种方法：流水刺激捕捞法、地笼张捕法、灯光诱捕法、草把聚捕法，尤其以流水刺激和地笼张捕相结合效果最佳。在捕捉时，将地笼张捕在流水的出入口处，隔10米放置一条，将田水的水位缓慢下降，使蟹种全部进入蟹沟，再利用微流水刺激或水位反复升降来刺激捕捞。最后放干田水后将少部分（2%～5%）的蟹种人工挖捕（图5-10）。

图5-10　稻田培育的蟹种

第六节　扣蟹养殖成蟹

一、扣蟹的鉴别与放养

目前市场上蟹种种质资源十分紊乱，而长江蟹种稳定性能好、生长速度快、成活率及回捕率高，因此选择蟹种时要选择长江水系的扣蟹。

扣蟹的放养时间有两个季节，第一个是以2月中旬至3月上旬为主，此时温度低，河蟹活动能力及新陈代谢强度低，有利于提高运输成活率，可将扣蟹放养在田间沟中。第二个放养时间是在水稻栽插且秧苗成活后放养。每亩稻田宜放养规格为120～200只/千克的蟹种400～600只（图5-11）。放养量不宜过大，如果放养量过大，很可能会对水稻的生长不利，常见的情况就是水稻生长受到抑制，无法保证粮食的生产（图5-12）。

图5-11　扣蟹的放养　　图5-12　扣蟹放养的密度过大会对秧苗造成伤害

由于扣蟹放养与水稻移植有一定的时间差，因此暂养蟹种是必要的。目前常用的暂养方法有网箱暂养及田头土池暂养，网箱暂养时间不宜过长，否则会出现折断附肢且互相残杀现象严重，因此建议在田头开辟土池暂养。具体方法是蟹种放养前半个月，在稻田田头开挖一条面积占稻田面积2%～5%的土池，用于暂养扣蟹。

二、蟹种移养

待秧苗移植1周且禾苗成活返青后，可将暂养池与土池挖通，并用微流水刺激，促进扣蟹进入大田生长，通常称为稻田二级养蟹法。利用此种方法可以有效地提高河蟹成活率，也能促进河蟹适应新的生态环境（图5-13）。

图 5-13 稻田养殖成蟹

三、投饵管理

稻田养成蟹，一般以人工投饵为主，饵料种类较多，有天然饵料如稻田中的野草、昆虫；人工投喂饵料如野杂鱼虾；配合颗粒饲料及投喂的浮萍、水草等。日投饵量应保持在蟹体重的5%~7%，饵料主要投喂在环形沟边。

四、捕捞

稻田养蟹的捕捞时间在10~12月为宜，可采用夜晚岸边捉捕法、灯光诱捕法、地笼张捕法，最后放干田水挖捕。

第七节 当年蟹苗养殖成蟹

由于当年蟹苗养殖成蟹规格小、口感差、价格低、效益不好，近年来有逐渐被淘汰的趋势。但这种模式生产成本低，当年就能长出商品蟹，实现当年投入当年收益的效果，虽然价格要比大蟹低一点，但是整体效益要比单纯种植水稻要强得多，因此还是有一定市场的。其养殖方法及步骤如下：

一、蟹苗的培育

主要是选购大眼幼体进行温棚强化培育成Ⅳ~Ⅴ期幼蟹，关键技术是做好"双控"工作：一是抓好控温保温措施，采用双层塑料薄膜保温，使培育期的温度保持在20～22℃；二是做好饵料的调控工作，刚变态时饵料宜少而精，只占蟹苗体重的15%～20%，不能多喂，否则易腐败水质，进入Ⅰ期变态后投饵率可上升至100%～150%。另外，水质的调控、氧气的充足、水草的保证、天敌的清除也要抓好。购苗时间宜在3月中下旬，过早成活率太低，影响效益；过晚当年养成的河蟹规格太小，没有市场。

二、幼蟹的移养

通常在5月上中旬即可将Ⅴ期幼蟹移养到大田中强化饲养。由于幼蟹娇嫩，起捕时要小心操作，可采用草把聚捕与微流水刺激相结合的方法，经过多次捕捞后可以起捕95%左右的幼蟹。

三、强化培育

这是幼蟹进入大田后生长的关键时期，要加强饵料的供应，确保质量尤其是蛋白质含量要充足，田内水草和螺蚬资源要丰富，可以满足河蟹摄食和栖居的需要，水质要清新。

我们经过调查发现，在水草种群比较丰富的条件下，河蟹摄食水草有明显的选择性，爱吃沉水植物中的伊乐藻、菹草、轮叶黑藻、金鱼藻，不吃聚草，苦草也仅吃根部。因此，要在稻田的田间沟里及时补充一些河蟹爱吃的水草。

在河蟹进入生长季节，应坚持每天投饵，投饵应坚持"四定"投喂原则。饵料搭配，在3～5月以植物性饵料为主；6～8月以动物性饵料为主，如小杂鱼、螺蚬类、蚌肉等；9月份为促肥长膘，应加大动物性饵料的投喂量。

四、收获

收获时间在10～12月为宜，方法与扣蟹养殖成蟹的捕捞方法一样。由于受市场冲击较大，建议这种小规格的河蟹起捕后最好在专池中暂养，待价而沽。

第六章　河蟹的其他养殖模式

第一节　湖泊网围养蟹

一、湖泊的选择

在湖泊中养殖河蟹，是我国河蟹养殖业的重要方法之一，最初采取的是湖泊人工放流，后来慢慢转变为湖泊半精养，直到现在的湖泊精养。在湖泊中进行网围养蟹时，对湖泊的类型有要求，一是要草型湖泊，二是要浅水型湖泊。对那些又深又阔或者是过水性湖泊，则不宜养殖河蟹。

过水性湖泊在枯水季节水位高程不足5米，在夏季大水季节，水位高程可达7米左右。这种大起大落的水位不利于养殖业的发展，尤其是围拦网养蟹受冲击最大；浅水时，养蟹面积较小、水质易变坏；大水时，要么冲毁拦网，要么河蟹长时间浸泡在深水中溺死。

草型湖泊网围养河蟹是由网围养鱼发展而来的，这种形式与畜牧业上圈养形式相似，目前在长江中下游地区的草型湖泊中发展十分迅速。

二、网围地点的选择

湖泊网围养蟹应具备以下条件：

（1）环境比较安静的湖湾地区，水位相对稳定，水域开阔，水质良好，湖底平坦、风浪较小，水流缓慢通畅。

（2）湖岸线较长，坡底较平缓，水深适宜，常年水位1～1.5米，水位落差小。

（3）湖底平坦，底质为黏土、硬泥，淤泥有机质少。

（4）要求周围水草和螺蚬等天然饵料资源丰富，敌害生物少，网围区内水草的覆盖率在50%以上，并选择一部分茭草、蒲草地段作为河蟹的隐蔽场所。

（5）不影响周围农田灌溉、蓄水、排洪、船只航行，环境安静，交通便利，避免在河流的进出水口和水运交通频繁地段选点。

要注意水草的覆盖率不要超过70%。生产实践证明，水浅草多尤其是菁草、芦苇、蒲草等挺水植物过密，水流不畅的湖湾岸滩浅水区，夏秋季节水草大量腐烂，水质变臭（渔民称酱油水、菁黄水），分解出大量的硫化氢、氨、甲烷等有毒物质和气体，有机耗氧量增加，造成局部缺氧，引起养殖鱼类、河蟹的大批死亡，这样的地方不宜养殖河蟹。

三、网围设施

网围设施由栏网、石笼、竹桩、防逃网等部分组成。栏网用网目2厘米，3厘米×3厘米聚乙烯网片制作，用毛竹作桩。网高2米，装有上下纲绳，上纲固定在竹桩上，下纲连接直径12～15厘米的石笼，石笼内装小石子，每米5千克，踩入泥中。竹桩的毛竹长度要求在3米以上，围绕圈定的网围区范围，每隔2～3米插一根竹桩，要垂直向下插入泥中0.8米，作为栏网的支柱。防逃网连接在栏网的上纲，与栏网向下成45°夹角，并用纲绳向内拉紧撑起，以防止河蟹攀网外逃。为了检查河蟹是否外逃，可以在网围区

图6-1　湖泊养蟹

的外侧下一圈地笼。一般网围面积为30～100亩，最大不超过1 000亩（图6-1）。

网围区的形状以圆形、椭圆形、圆角长方形为最好，因为这种形状抗风能力较强，有利于水体交换，减少河蟹在拐角处挖坑打洞和水草等漂浮物的堆积。每一个网围区的面积以10～50亩为宜。

四、清除野杂

乌鱼、鲶鱼等鱼类及蛇等是河蟹的天敌，必须严格加以清除。因此，在下栏网前一定要用各种捕捞工具，密集驱赶野杂鱼类。最好再用石灰水、巴豆等清塘药物进行泼洒，然后放网并把底纲的石笼踩实。

五、种植水草

湖泊和网围内水草的多少不仅直接影响河蟹的数量、规格和品质，而且关系到网围养蟹能否走上可持续发展的关键措施。渔谚有"蟹大小，看水草；蟹多少，看水草"，是十分形象化的比喻。为保护湖泊的水草资源，一方面，务必保护

图6-2　湖泊里的水草

好围网外的水草，做到合理开发利用；另一方面，必须在网围内种植水草（图6-2）。

六、蟹种放养

网围养蟹的形式多种多样，基本上是以鱼蟹混养为主。蟹种以3月份水温在10℃左右放养最好。此时气温低，运输成活率高，放养规格为80～120只/千克的越冬蟹种。通常每平方米水面放养2～2.5只蟹种。网围养蟹一般都采用鱼蟹混养。鱼种放养仍按常规进行，但放养结构上应减少一部分草食性鱼类，增放一部分鲫鱼和鲢、鳙鱼，以缓解鱼蟹的食饵竞争。

七、饲养管理

1.合理投喂　在湖泊网围养蟹的范围内，水草和螺蚬资源相当丰富，可以满足河蟹摄食和栖居的需要。

在蟹、鱼生长季节，应坚持每天投饵，白天喂鱼，夜间喂蟹。并应移殖一部分螺蚬和抱卵虾，让其在网围内自然繁殖，为河蟹提供动物性饵料。投饵应坚持"四定"投喂原则。在3～5月以植物性饵料为

主，6～8月以动物性饵料为主，如小杂鱼、螺蚬类、蚌肉等，9月份为促肥长膘，应加大动物性饵料的投喂量。

2.定期检查 在日常管理中，每日早、晚各巡网一次。检查网围是否坚固，网围区防逃设施是否完好，如有损坏应及时维修，确保安全。并要定期检查河蟹的摄食、蜕壳、生长情况，及时清除腐烂变质的残饵和网片中的污物。7～8月是洪涝汛期和台风多发季节，要加固竹桩，备好防逃网片，随时清除网片上的水草等污物，保持网片内外水流通畅，严防鱼蟹逃逸。

3.水草管理 要把漂浮到栏网附近的水草及时捞掉，以利水体交换。如果发现网围区内水草过密，则要用刀割去一部分水草，形成3～5米的通道，每个通道的间距20～30米，以利水体交换。为了改善网围区内的水质条件，在高温季节，每半月左右时间用生石灰水泼洒一次，每亩水面20千克左右。

4.病害预防 围网养殖由于水体是流动的，生态环境条件较好，在养殖中病害较少。只需在放养时注意不要让蟹体受伤，严格消毒就够了。

5.适时捕捞 湖泊网围养蟹，由于环境条件优越，生长比池塘快，性成熟也比池塘早，因此其生殖洄游开始也早。在长江中下游，一般9月中旬全部变成绿蟹。因此，通常在9月下旬开始捕捞。捕捞工具主要有蟹簖、人工蟹穴、地笼网、丝网等。捕出后的成蟹应放入暂养池暂养1～2个月后，再行销售。

第二节 莲藕与河蟹立体养殖

莲藕性喜向阳温暖环境，喜肥、喜水，适当温度亦能促进生长，在池塘中种植莲藕可以改良池塘底质和水质，为河蟹提供良好的生态环境，有利于河蟹健康生长。另外莲藕本身需肥量大，增施有机肥可减轻藕身附着的红褐色锈斑，同时可使水中产生大量浮游生物。

河蟹是杂食性的，它能够捕食水中的浮游生物和害虫，也需要人工喂食大量饵料，它排泄出的粪便大大提高了池塘的肥力，在蟹藕之间形成了互利关系，可以提高莲藕产量25%以上。

一、藕塘的准备

莲藕池养河蟹，池塘要求选择光照好，水深适宜，水源充足，水质良好，水的pH值为6.5~8.5，溶氧不低于4毫克/升，没有工业废水污染，注排水方便，土层较厚，保水保肥性强，洪水不淹没，干旱时不缺水。面积3~5亩，平均水深1.2米，东西向为好。

藕池在施肥后要整平，10天以后泥质变硬时就可以开挖围沟、蟹坑，目的是在高温、藕池浅灌、追肥时为河蟹提供藏身之地及投喂和观察其吃食、活动情况。围沟挖成"田"字形或"目"字形，沟宽50~60厘米，深30~40厘米，在围沟交叉处或藕田四周适当挖几个蟹坑，坑深0.8~1米，开挖沟、坑所取出的泥土用来加高夯实池埂（图6-3）。

图6-3 藕池的田间沟

二、防逃设施

防逃设施简单，用硬质塑料薄膜埋入土中20厘米，土上露出50厘米即可。

三、施肥

种藕前15~20天，每亩撒施发酵鸡粪等有机肥800~1000千克，耕翻耙平，然后每亩用80~100千克生石灰消毒。排藕后分两次追肥，第一次在莲藕生出6~7片荷叶正进入旺盛生长期时，第二次于结藕开始时，称为施催藕肥。一般第一次追肥多在排藕后25天左右，有1~2片立叶时亩施人粪尿1000~1500克。第二次追肥多在栽藕后40~50天，芒种前后有2~3片立叶，并开始分枝时亩施人粪尿1500~2000千克；如二次追肥后生长仍不旺盛，半月后即在夏至前再追肥一次，夏至后停止追肥。施肥应选晴朗无风的天气，不可在烈日的中午进行。每次施肥前应放浅田水，让肥料吸入土中，然后再灌至原来的程度。

追肥后泼浇清水冲洗荷叶，如肥不足，可追硫酸铵每亩15千克。

四、选择优良种藕

种藕应选择优良品种，如慢藕、湖藕、鄂莲二号、鄂莲四号、海南洲、武莲二号、莲香一号等。种藕一般是临近栽植才挖起，需要选择具有本品种的特性，最好是有3～4节以上，子藕、孙藕齐全的全藕，要求种藕粗壮、芽旺，无病虫害，无损伤。

五、排藕技术

莲藕下塘时宜采取随挖、随选、随栽的方法，也可实行催芽后栽植。排藕时，行距2～3米，穴距1.5～2米，每穴排藕2枝，每亩需种藕60～150千克。

栽植时分平栽和斜栽。深度以种藕不浮漂和不动摇为度。藕头入土的深度10～12厘米。斜插时，把藕节翘起20°～30°，以利吸收阳光，提高地温，提早发芽，要确保荷叶覆盖面积约占全池的50%，不可过密。

六、藕池水位调节

莲藕适宜的生长温度是21～25℃。因此，藕池的管理主要通过放水深浅来调节温度。排藕10余天到萌芽期，水深保持在8～10厘米，以后随着分枝和立叶的旺盛生长，水深逐渐加深到25厘米，采收前1个月，水深再次降低到8～10厘米，水过深要及时排出（图6-4）。

图6-4　藕池的水位调节

七、河蟹放养

在莲藕池中放养河蟹，放养时间及放养技巧是有讲究的，一般在藕成活且长出第一片叶后放蟹种。为了提高饲养商品率，放养的蟹种规格要大一些，通常在60～70只/千克，每亩可放养200只，如果养殖池有微流水条件时，则可多放。要求放养的蟹种规格整齐，大小一致，附肢完整，无病无伤，健康活泼，活力较强。蟹种下塘前用3%

食盐水浸泡5~10分钟，或在20毫克/升的漂白粉中洗浴20分钟后再入池饲养，同时每亩搭配投放鲫鱼种8尾、鳙鱼种10尾，规格为每尾20克左右。不宜混养草食性鱼类如草鱼、鲂鱼，以防吃掉藕芽嫩叶等（图6-5）。

图6-5 蟹种的放养

八、河蟹投饵

蟹种下塘后第三天开始投喂。选择鱼坑作投饵点，每天投喂2次，分别为上午7~8时、下午4~5时，日投喂量为蟹总体重的3%左右，具体投喂数量根据天气、水质、蟹吃食和活动情况灵活掌握。饲料为自制配合饲料，主要成分是豆粕、麦麸、玉米、血粉、鱼粉、饲料添加剂等，粗蛋白质含量34%左右，饲料为浮性，粒径2~5毫米，饲料定点投在饲料台上。

九、巡视藕池

对藕池进行巡视是藕蟹生产过程中的基本工作之一，只有经过巡池才能及时发现问题，并根据具体情况及时采取相应措施，故每天必须坚持早、中、晚3次巡池。

巡池的主要内容：检查田埂有无洞穴或塌陷，一旦发现应及时堵塞或修整。检查水位，始终保持适当的水位。在投喂时注意观察蟹的吃食情况，相应增加或减少投量。防治疾病，经常检查藕的叶片、叶柄是否正常，结合投喂、施肥观察蟹的活动情况，及早发现疾病，对症下药。同时要加强防毒、防盗的管理，也要保证环境安静。

十、水位调控

注水的原则是蟹藕兼顾，随着气温不断升高，及时加注新水，合理调节水深以利于藕的正常光合作用和生长。6月初水位升至最高，达到1.2~1.5米。7~9月，每15天换水10厘米，每月每立方米水体用生石灰15克化水泼洒一次。防病主要使用内服药物，每半个月喂含0.2%土霉素的药饵3天。

十一、防病

在莲藕池中养河蟹，河蟹疾病目前发现不是太严重，因此可不做重点预防和治疗。莲藕的虫害主要是蚜虫，可用40%乐果乳油1 000～1 500倍液或抗蚜威200倍液喷雾防治。病害主要是腐败病，应实行2～3年的轮作换茬，在发病初期可用50%多菌灵可湿性粉剂600倍液加75%百菌清可湿性粉剂600倍液喷洒防治。

第三节　河蟹与芡实立体混养

芡实，俗称鸡头米，性喜温暖，不耐霜冻、干旱，一生不能离水，全生育期为180～200天，是滨湖圩内发展避洪农业的高产、优质、高效经济作物。它集药用、保健于一体，市场畅销，具有良好的发展潜力。

一、池塘准备

池塘要求光照好，池底平坦，池埂坚实，进排水方便，不渗漏，水源充足，水质清新，水底土壤以疏松、中等肥沃的黏泥为好，带沙性的溪流和酸性大的污染水塘不宜栽种。池塘底泥厚30～40厘米，面积3～5亩，平均水深1.0米。开挖好围沟、蟹坑，目的是在高温、芡实池浅灌、追肥时为河蟹提供藏身之地及投喂和观察其吃食、活动情况（图6-6）。

图6-6　芡实池塘的准备

二、防逃设施

防逃设施简单，用硬质塑料薄膜埋入土中20厘米，土上露出50厘米即可。

三、施肥

在种芡实前10～15天，每亩撒施发酵鸡粪等有机肥600～800千克，耕翻耙平，然后每亩用90～100千克生石灰消毒。为促进植株健壮生长，可在8月盛花期追施磷酸二氢钾3～4次。施用方法可用带细孔的塑料薄膜小袋，内装20克左右速效性磷肥，施入泥下10～15厘米处，每次追肥变换位置。

四、芡实栽培

（1）种子播种：芡实要适时播种，春秋两季均可，尤以9～10月的秋季为好。播种时，选用新鲜饱满的种子撒在泥土稍干的塘内。若春雨多，池塘水满，在3～4月春播种子不易均匀撒播时，可用湿润的泥土捏成小土团，每团渗入种子3～4粒，按瘦塘130～170厘

图6-7　芡实的播种

米，肥塘200厘米的距离投入土团，种子随土团沉入水底，便可出苗生长（图6-7）。

（2）幼芽移栽：在往年种过芡实的地方，来年不用再播种。因其果实成熟后会自然裂开，有部分种子散落塘内，来年便可萌芽生长。当叶浮出水面，直径15～20厘米时便可移栽。移栽时，连苗带泥取出，栽入池塘中，覆好泥土，使生长点露出泥面，根系自然舒展开，叶子漂浮水面，以后随着苗的生长逐步加水。

五、水位调节

池塘的管理，主要通过池水深浅来调节温度。从芡实入池10余天到萌芽期，水深保持在40厘米；以后随着分枝的旺盛生长，水深逐渐增加到120厘米；采收前1个月，水深再次降低到50厘米。

六、河蟹的放养与投饵

在芡实池中放养河蟹，放养时间及放养技巧和常规养殖也是有讲究的，一般在芡实成活且长出第一片叶后放蟹种。为了提高饲养商品率，放养的蟹种规格要大一些，通常在60~70只/千克，每亩可放养150只，要求放养的蟹种规格整齐，大小一致，附肢完整，无病无伤，健康活泼，活力较强。蟹种下塘前用3%食盐水浸泡5~10分钟，或在20毫克/升的漂白粉中洗浴20分钟后再入池饲养，同时每亩搭配投放鳙鱼种10尾，规格为每尾20克左右。不宜混养草食性鱼类如草鱼、鲂鱼，以防吃掉芡实嫩叶等。

蟹种下塘后第三天开始投喂，选择蟹坑作投饵点，每天投喂2次，分别为上午7~8时、下午4~5时。日投喂量为蟹总体重的3%左右，具体投喂数量根据天气、水质、蟹吃食和活动情况灵活掌握。饲料为自制配合饲料，主要成分是豆粕、麦麸、玉米、血粉、鱼粉、饲料添加剂等，粗蛋白质含量30%，饲料为浮性，粒径2~5毫米，饲料定点投在饲料台上。

七、注水

当芡实幼苗浮出水面后，要及时调节株行距，将过密的苗除去，移到缺苗的地方。由于芡实的生长发育时期不同，对水分的要求也不同，故调节水量是田间管理的关键。要掌握"春浅、夏深、秋放、冬蓄"的原则。春季水浅，能受到阳光照射，可提高土温，利于幼苗生长；夏季水深可促进叶柄伸长，6月初水位升至最高，达到1.2~1.5米；秋季适当放水，能促进果实成熟；冬季蓄水可使种子在水底安全过冬。值得注意的是，在不同时期进行注水时，一定要兼顾河蟹的需水要求。

八、防病

防病主要是针对芡实而言的，芡实的主要病害是霜霉病，可喷洒500倍代森锌液或代森铵粉剂。芡实的主要虫害是蚜虫，可用40%乐果1 000倍液喷杀。

第四节 河蟹与茭白立体混养

一、池塘选择

水源充足、无污染、排污方便、保水力强、耕层深厚、肥力中上等、面积在1亩以上的池塘均可用于种植茭白养蟹。

二、蟹坑修建

沿埂内四周开挖宽1.5~2.0米、深0.5~0.8米的环形蟹坑，池塘较大的中间还要适当开挖中间沟，中间沟宽0.5~1米、深0.5米，环形蟹坑和中间沟内投放用轮叶黑藻、眼子菜、苦草、菹草等沉水性植物制作的草堆，塘边角还用竹子固定浮植少量漂浮性植物如水葫芦、浮萍等。蟹坑开挖的时间为冬春茭白移栽结束后进行，总面积占池塘总面积的8%，每个蟹坑面积最大不超过200平方米，可均匀地多开挖几个，开挖深度为1.2~1.5米。开挖位置选择在池塘中部或进水口处，蟹坑的其中一边靠近池埂，以便于投喂和管理。开挖蟹坑的目的是在施用化肥、农药时，让河蟹集中在蟹坑避害，在夏季水温较高时，河蟹可在蟹坑中避暑；方便定点在蟹坑中投喂饲料，饲料投入蟹坑中，也便于检查河蟹的摄食、活动及蟹病情

图6-8 茭白池养蟹

况；蟹坑亦可作防旱蓄水等。在放养河蟹前，要将池塘进排水口安装网栏设施（图6-8）。

三、防逃设施

防逃设施简单，用硬质塑料薄膜埋入土中20厘米、土上露出50厘米即可。

四、施肥

每年的2~3月种茭白前施基肥，可用腐熟的猪粪、牛粪和绿肥1 500千克/亩，钙镁磷肥20千克/亩，复合肥30千克/亩，翻入土层

内，耙平耙细，肥泥整合，即可移栽茭白苗。

五、选好茭白种苗

在9月中旬至10月初，于秋茭采收时进行选种，以浙茭2号、浙茭911、浙茭991、大苗茭、软尾茭、中介壳、一点红、象牙茭、寒头茭、梭子茭、小腊茭、中腊台、两头早为主。选择植株健壮、高度中等、茎秆扁平、纯度高的优质茭株作为留种株。

六、适时移栽茭白

茭白用无性繁殖法种植，长江流域于4~5月间选择那些生长整齐，茭白粗壮、洁白，分蘖多的植株作种株。用根茎分蘖苗切墩移栽，母墩萌芽高33~40厘米时，茭白有3~4片真叶。将茭墩挖起，用利刃顺分蘖处劈开成数小墩，每墩带匍匐茎和健壮分蘖芽4~6个，剪去叶片，保留叶鞘长16~26厘米，减少蒸发，以利提早成活，随挖、随分、随栽。株行距按栽植时期、分墩苗数和采收次数而定，双季茭采用大小行种植，大行行距1米，小行80厘米，穴距50~65厘米，每亩1 000~1 200穴，每穴6~7苗。栽植方式以45°角斜插为好，深度以根茎和分蘖基部入土，而分蘖苗芽稍露出水面为度，定植3~4天后检查一次。栽植过深的苗，稍提高使之浅些；栽植过浅的苗宜再压下使之深些，并做好补苗工作，确保全苗。

七、放养河蟹

在茭白苗移栽前10天，对蟹坑进行消毒处理。新建的蟹坑，一定要先用清水浸泡7~10天后，再换新鲜的水继续浸泡7天后才能放蟹种。放养的蟹种规格在60~70只/千克，每亩可放养250只，要求放养的蟹种规格整齐，大小一致，附肢完整，无病无伤，健康活泼，活力较强。

图6-9　河蟹的放养

蟹种下塘前用3%食盐水浸泡5~10分钟，或在20毫克/升的漂白粉中洗浴20分钟后再入池饲养，同时每亩放鲢、鳙鱼各50尾，每天喂精料1次，每亩投料1.0～2.5千克（图6-9）。

八、科学管理

1.水质管理　茭白池塘的水位根据茭白生长发育特性灵活掌握，以"浅—深—浅"为原则。萌芽前灌浅水30厘米，以提高土温，促进萌发；栽后促进成活，保持水深50～80厘米；分蘖前仍宜浅水80厘米，促进分蘖和发根；至分蘖后期，将水加深至100～120厘米，控制无效分蘖。7～8月高温期宜保持水深130～150厘米，并做到经常换水降温，以减少病虫危害。雨季要注意排水，在每次追肥前后几天，需放干或保持浅水，待肥吸收入土后再恢复到原来水位。每半个月投放一次水草，沿田边环形沟和田间沟多点堆放。

2.科学投喂　根据季节辅喂精料，如菜饼、豆渣、麦麸皮、米糠、蚯蚓、蝇蛆、鱼用颗粒料和其他水生动物等。可投喂自制混合饲料或者购买蟹类专用饲料，也可投喂一些动物性饲料如螺蚌肉、鱼肉、蚯蚓或捞取的枝角类、桡足类、动物屠宰厂的下脚料等，沿田边四周浅水区定点多点投喂。投喂量一般为鱼蟹体重的5%～10%，采取"四定"投喂法，傍晚投料要占全日量的70%。每天投喂两次饲料，早上8～9时投喂一次，傍晚6～7时投喂一次。

3.科学施肥　茭白植株高大，需肥量大，应重施有机肥作基肥。基肥常用人畜粪、绿肥，追肥多用化肥，宜少量多次，可选用尿素、复合肥、钾肥等，禁用碳酸氢铵；有机肥应占总肥量的70%。基肥在茭白移植前深施；追肥应采用"重、轻、重"的原则。具体施肥可分四次，在栽植后10天左右，茭株已长出新根成活，施第一次追肥，每亩施人粪尿肥500千克，称为提苗肥。第二次在分蘖初期每亩施人粪尿肥1 000千克，以促进生长和分蘖，称为分蘖肥。第三次追肥在分蘖盛期，如植株长势较弱，适当追施尿素每亩5～10千克，称为调节肥；如植株长势旺盛，可免施追肥。第四次追肥在孕茭始期，每亩施腐熟粪肥1 500～2 000千克，称为催茭肥。

4.茭白用药　应对症选用高效低毒、低残留、对混养的河蟹没有影响的农药。如杀虫双、叶蝉散、乐果、敌百虫、井冈霉素、多菌灵等。禁用除草剂及毒性较大的呋喃丹、杀螟松、三唑磷、毒杀酚、波尔多液、五氯酚钠等，慎用稻瘟净、马拉硫磷。粉剂农药在露水未干前使用，水剂农药在露水干后喷洒。施药后及时换注新水，严禁在中午高温时喷药。

孕茭期害虫有大螟、二化螟、长绿飞虱，应在害虫幼龄期，每亩用50%杀螟松乳油100克加水75～100千克泼浇或用90%敌百虫和40%乐果1 000倍液在剥除老叶后，逐棵用药灌心。立秋后发生蚜虫、叶蝉和蓟马，可用40%乐果乳剂1 000倍液、10%叶蝉散可湿性粉剂200～300克加水50～75千克喷洒，茭白锈病用1∶800倍敌锈钠喷洒效果良好。

九、茭白采收

茭白按采收季节可分为一熟茭和两熟茭。一熟茭又称单季茭，在秋季日照变短后才能孕茭，每年只在秋季采收一次。春种的一熟茭栽培早，每墩苗数多，采收期也早，一般在8月下旬至9月下旬采收。夏种的一熟茭一般在9月下旬开始采收，11月下旬采收结束。茭白成熟采收标准是，随着基部老叶逐渐枯黄，心叶逐渐缩短，叶色转淡，假茎中部逐渐膨大和变扁，叶鞘被挤向左右，当假茎露出1～2厘米的洁白茭肉时，称为"露白"，为采收最适宜时期。夏茭孕茭时，气温较高，假茎膨大速度较快，从开始孕茭至可采收，一般需7～10天。秋茭孕茭时，气温较低，假茎膨大速度较慢，从开始孕茭至可采收，一般需要14～18天。但是不同品种孕茭至采收期所经历的时间有差异。茭白一般采取分批采收，每隔3～4天采收一次。每次采收都要将老叶剥掉。采收茭白后，应该用手把墩内的烂泥培上植株茎部，既可促进分蘖和生长，又可使茭白幼嫩而洁白。

十、河蟹收获

10月开始可用地笼捕捞河蟹，将地笼固定放置在茭白塘中，每天早晨将进入地笼的河蟹收取上市。直至11月底可放干茭白塘的水，彻底收获。

第五节　河蟹与水芹菜生态轮作

水芹菜既是一种蔬菜，也是一种水生动物的好饲料，它的种植时间和河蟹的养殖时间明显错开，双方能起到互相利用空间和时间的优势，在生态效益上也是互惠互利的，在许多水芹菜种植地区已经开始把它们作为主要的轮作方式之一，取得了明显的效果。

水芹菜是冷水性植物，8月开始育苗，9月开始定植，也可以一步到位，直接放在池塘中种植，11月底开始向市场供应水芹菜，直到翌年的3月初结束。3~8月这段时间池塘基本上是处于空闲状态，而这时正是河蟹养殖的高峰期，两者结合可以将池塘全年综合利用，经济效益明显，是一种很有推广前途的种养结合的生产模式。

一、田地改造

水芹菜田的大小以5亩为宜，最好是长方形，在田块周围按稻田养殖的方式开挖环沟和中央沟，沟宽1.5米，深75厘米，开挖的泥土用于加固池埂。

水源要充足，排灌要方便，进排水要分开，进排水口可用60目的网布扎好，以防河蟹从水口逃逸及外源性敌害生物侵入。田内要平整，方便水芹菜的种植，溶氧要保持在5毫克/升。

为了防止河蟹在下雨天或因其他原因逃逸，防逃设施是必不可少的。根据经验，我们认为只要在放蟹前2天做好就行，材料多样，可以就地取材。不过最经济实用的还是用60厘米的纱窗埋在埂上，入土15厘米，在纱窗上端缝一宽30厘米的硬质塑料薄膜就可以了（图6-10）。

图6-10　种水芹菜养河蟹的防逃设施

二、放养前的准备工作

1.清池消毒　和前面一样的方法与剂量。

2.水草种植　在有水芹菜的区域里不需要种植水草，但是在环沟里还是需要种植水草的，这些水草对于河蟹度过盛夏高温季节是非常有帮助的。水草品种优选轮叶黑藻、马来眼子菜和光叶眼子菜，其次可选择苦草和伊乐藻，也可用水花生和空心菜，水草种植面积宜占整个环沟面积的40%左右。另外进入夏季后，如果池塘中心的水芹菜还存在或有较明显的根茎存在时，就不需要补充草源；如果水芹菜已经全部取完，必须在4月前及时移栽水草，确保河蟹的养殖成功。

3.放肥培水　在河蟹放养前1周左右，亩施腐熟有机肥200千克，用来培育浮游生物。

三、蟹种放养

在水芹菜里轮作河蟹，放养蟹种是有讲究的，8月底到9月初是水芹菜的生长季节，而此时蟹种并没有放养，可以直接用来种植水芹菜，等年底水芹菜出售完毕一直到第二年的3月，都可以放养蟹种。放养的蟹种80~100只/千克，每亩可放养350只，要求放养的蟹种规格整齐，大小一致，附肢完整，无病无伤，健康活泼，活力较强。蟹种下塘前用3%食盐水浸泡5~10分钟，或在20毫克/升的漂白粉中洗浴20分钟后再入池饲养，同时每亩搭配投放鲫鱼种8尾、鳙鱼种10尾，规格为每尾20克左右。

四、饲养管理

1.水质调控

（1）池水调节：放养蟹种的池塘，在4~5月水位控制在50厘米左右，透明度在20厘米就可以了。6月以后要经常换水或冲水，防止水质老化或恶化，保持透明度在35厘米左右，pH值在6.8~8.4。

（2）注冲新水：为了促进河蟹蜕壳生长和保持水质清新，定期注冲新水是一个非常好的举措，也是必不可少的技术方法。从9月到翌年的3月基本上不用单独为河蟹换冲水，只要进行正常的水芹菜管理就可以了，从4月开始直到5月底，每10天注冲水1次，每次10~20厘米，6~8月中每7天注冲水1次，每次10厘米。

（3）生石灰泼洒：从3月底直到7月中旬，每半月可用生石灰化水泼洒一次，每次用量为15千克/亩，可以有效地促进河蟹的蜕壳。

2.饲料投喂　在河蟹养殖期间，河蟹除利用春季留下未售的水芹

菜叶、菜茎、菜根和部分水草外，还是要投喂饲料的，具体的投喂种类和投喂方法与前面介绍的一样。

3.日常管理　在河蟹生长期间，每天坚持早、晚各巡塘一次，主要是观察河蟹的生长情况及检查防逃设施的完备性，看看池埂有无被河蟹打洞造成漏水情况。

五、病害防治

主要是预防敌害，包括水蛇、水老鼠、水鸟等。其次是发现疾病或水质恶化时，要及时处理。

六、捕捞

河蟹的捕捞采取地笼在环形沟内张捕，最好在8月栽水芹菜前能全部捕完，放入另外池中进行育肥管理。如果不能捕完或者是还不能上市的河蟹，可先慢慢地降低水芹菜池里的水位，让水位降至田面以下，这时河蟹就会慢慢地全部爬行到田间沟里和环形沟里。再在田面上种植水芹菜幼苗。

七、水芹菜种植

1.适时整地　在8月中旬时，一般此时河蟹还没有上市，用降水的办法把河蟹引入田间沟和环形沟后，可用旋耕机在池塘中央进行旋耕，周边不动，保持底部平整即可。然后用网具将田面围起来，再在网具上面缝上一圈高30厘米的硬质塑料，主要是隔断河蟹到水芹菜田里咬食水芹菜。

2.适量施肥　每亩施入腐熟的粪肥1 000千克，为水芹菜的生长提供充足的肥源。

3.水芹菜的催芽　一般在7月底就可以进行了，为了不影响河蟹最后阶段的生产，可以放在另外的地方催芽，催芽要在温度27～28℃开始。

4.排种　经过15天左右的催芽处理，芽已经长到2厘米时就可以排种了，排种时间在8月下旬为宜。为了防止刚入水的小嫩芽被太阳晒死，建议排种的具体时间应选择在阴天或晴天的16时以后进行。排种时将母茎基部朝外，芽头朝上，间隔5厘米排一束，然后轻轻地用泥巴压住茎部。

5.水位管理 在排种初期的水位管理尤为重要，这是因为一方面此时气温和水温挺高，可能对小嫩芽造成灼伤；另一方面，为了促进嫩芽尽快生根，池底基本上是不需要水的，所以此时一定要加强管理，在可能的情况下保证水位在5~10厘米，待生根后，可慢慢加水至50~60厘米。到初冬后，要及时加水位至1.2米。

6.肥料管理 在水位渐渐上升到40厘米后，可以适时追肥。一般亩施腐熟粪肥200千克，也可以施农用复合肥10千克，以后做到看苗情施肥，每次施尿素3~5千克/亩。

7.定苗除草 当水芹菜长到株高10厘米时，根据实际情况要及时定苗、匀苗、补苗或间苗，定苗密度为株距5厘米比较合适。

8.病害防治 水芹菜的病害要比河蟹的病害严重得多，主要有斑枯病、飞虱、蚜虫及各种飞蛾等，可根据不同的情况采用不同的措施来防治病虫害。如对于蚜虫，可以在短时间内将池塘的水位提升上来，使植株顶部全部淹没在水中，然后用长长的竹竿将漂浮在水面的蚜虫及杂草驱出排水口。

9.及时采收 水芹菜的采收很简单，就是通过人工在水中将水芹菜连根拔起，然后清除污泥，剔除根须和黄叶及老叶，整理好后，捆扎上市。要强调的是，在离环形沟50厘米处的水芹菜带不要收割，作为养殖河蟹的防护草墙，也可作为来年河蟹的栖息场所和食料补充。如果有可能的话，在塘中间的水芹菜也可以适当留一些，不要全部弄光，那些水芹菜的根须最好留在池内。

第七章　水草与栽培

俗话说"要想养好蟹，应先种好草""蟹大小，多与少，看水草"。由此可见，水草很大程度上决定着河蟹的规格和产量，这是因为水草不仅是河蟹不可或缺的植物性饵料，并为河蟹的栖息、蜕壳、躲避敌害提供了良好的场所，更重要的是水草在调节养殖塘水质，保持水质清新，改善水体溶氧状况上作用重大。然而目前许多养殖户由于水草栽种品种不合理，养殖过程中管理不善等问题，不但没能很好地利用水草的优势，反而因为水草存塘量过少、水草腐烂等使得池塘底质、水质恶化，河蟹缺氧上草甚至出现死亡现象。因此，在养蟹过程中栽植水草是一项不可缺少的技术措施。

第一节　水草的作用

在池塘养蟹中，水草的多少，对养蟹成败非常重要，这是因为水草为河蟹的生长发育提供极为有利的生态环境，提高了苗种成活率和捕捞率，降低了生产成本，对河蟹养殖起着重要的增产增效的作用。据调查，池塘种植水草的河蟹产量比没有水草的池塘的河蟹产量增产20%，规格增大15～25克/只，每亩效益增加300～500元，水草在河蟹养殖中的作用具体表现在以下几点。

一、模拟生态环境

河蟹的自然生态环境离不开水草，"蟹大小，看水草"，说的就是水草的多寡直接影响河蟹的生长速度和肥满程度；在池塘中种植水草可以模拟和营造生态环境，使河蟹产生"家"的感觉，有利于河蟹快速适应环境和快速生长。

二、提供丰富的天然饵料

水草营养丰富，富含蛋白质、粗纤维、脂肪、矿物质和维生素等河蟹需要的营养物质。水草茎叶中往往富含维生素C、维生素E和维生素B等，可以弥补投喂谷物和配合饲料多种维生素的不足。此外，水草中还含有丰富的钙、磷和多种微量元素，其中钙的含量尤其突出，能够补充蟹体对矿物质的需求。

池中的水草，一方面为河蟹生长提供了大量的天然优质的植物性饵料，降低了生产成本，河蟹经常食用水草，能够促进消化，促进胃肠功能的健康运转；另一方面河蟹喜食的水草还具有鲜、嫩、脆的特点，便于取食，具有很强的适口性。同时，水草还能诱集并有利于大量的浮游生物、水蚯蚓、水生昆虫、小鱼虾、螺、蚌、蚬贝及底栖动物等的繁衍，具有为河蟹提供天然饵料的作用。

三、净化水质

河蟹喜欢在水草丰富、水质清新的环境中生活，在池中栽植水草，水草通过光合作用，能有效地吸收池塘中的二氧化碳、硫化氢和其他无机盐类，降低水中氨氮，减轻池水富营养化程度，增加透明度、净化水质，使水质保持新鲜、清爽。另外，水草对水体的pH值也有一定的稳定作用（图7-1）。

图7-1 水草有净化水质的作用

四、增加溶氧

通过水草的光合作用，增加水中溶解氧含量，为河蟹的健康生长提供良好的环境保障。

五、隐蔽藏身

河蟹只能在水中做短暂的游泳，平时均在水域底部爬行，特别是夜间，常常爬到各种浮叶植物上休息和嬉戏，因此水草是它们适宜的栖息场所。

河蟹蜕壳时，喜欢在水位较浅、水体安静的地方进行，因为浅水水压较低，安静，可避免惊扰，这样有利于河蟹顺利蜕壳。在池塘中种植水草，形成水底森林，正好能满足河蟹这一生长特性，因此它们常常攀附在水草上，丰富的水草既为河蟹提供安静的环境，又有利于河蟹缩短蜕壳时间，减少体能消耗。同时，河蟹刚蜕壳后成为"软壳蟹"，缺乏

图7-2　水草有隐蔽藏身的作用

抵御能力，极易遭受敌害侵袭，水草可起隐蔽作用，使其同类及老鼠、水蛇等敌害不易发现，减少敌害侵袭造成的损失（图7-2）。

六、提供攀附

幼蟹有攀爬习性，水草为幼蟹提供了攀附物。另外，水草还可以供河蟹蜕壳时攀缘附着、固定身体，缩短蜕壳时间，减少体力消耗。

七、调节水温

养蟹池中最适宜河蟹生长的水温是20～28℃，当水温低于20℃或高于28℃时，都会使河蟹的活动量减少，摄食欲下降，活动变慢。如果水温进一步变化，河蟹多数会潜入泥底或进入洞穴中穴居，影响它的快速生长。池中种植水草，在冬天可以防风避寒，在炎热夏季可为河蟹提供一个凉爽安定的生长空间，能遮住阳光直射，使河蟹在高温季节也可正常摄食、蜕壳、生长，同时适宜凉爽的低温环境能相应地延长其生长期，对控制河蟹性早熟起重要作用。

八、预防疾病

科研表明，水草中的喜旱莲子草能较好地抑制细菌和病毒，河蟹摄食喜旱莲子草即可防治某些疾病。

九、提高成活率

水草可以扩展立体空间，有利于疏散河蟹密度，防止和减少局部河蟹密度过大而发生格斗和残食现象，避免不必要的伤亡。另外，水

草易使水体保持清新，增加水体透明度，稳定pH值使水体保持中性偏碱，有利于河蟹的蜕壳生长，提高河蟹的成活率。

十、提高品质

池塘通过栽植水草，一方面，能够使河蟹经常在水草上活动、摄食，蟹体易受阳光照射，有利于钙质的沉积，促进蜕壳生长；另一方面，水草特别是优质水草，能促进河蟹体表颜色与之相适应，同时也使水质净化，水中污物减少，使养成的河蟹体色光亮，提高品质，这就是为什么湖泊水库的河蟹有"金爪、黄毛、青壳、白肚"之美誉。

十一、有效防逃

水草较多的地方，常常富积大量的河蟹喜食的鱼、虾、贝、藻等鲜活饵料，使它们产生安全舒适的家的感觉，一般很少逃逸。因此蟹池种植丰富优质的水草，是防止河蟹逃跑的有效措施。

十二、消浪护坡

种植水草，对河蟹池塘具有消浪护坡的功能，有防止池埂坍塌的作用。

第二节　水草的种类和种植

水生植物的种类很多，分布较广。在养蟹池中，满足河蟹需要的种类主要有苦草、轮叶黑藻、金鱼藻、水花生、浮萍、伊乐藻、眼子菜、青萍、槐叶萍、满江红、簣藻、水车前、空心菜等。下面简要介绍几种常用水草的特性。

一、伊乐藻

1.伊乐藻的优点　伊乐藻是从日本引进的一种沉水植物，原产美洲，是一种优质、速生、高产的沉水植物。伊乐藻的优点是发芽早，长势快。它的叶片较小，不耐高温，只要水面无冰即可栽培，水温5℃以上即可萌发，10℃即开始生长，15℃时生长速度快，当水温达30℃以上时，生长明显减弱，藻叶发黄，部分植株顶端会发生枯萎。在寒冷的冬季能以营养体越冬，在早期其他水草还没有长起来的时候，只有它能够为河蟹生长、栖息、蜕壳和避敌提供理想场所。伊乐藻植株鲜嫩，叶片柔嫩，适口性好，其营养价值明显高于苦草、轮叶黑藻，是河蟹喜食的优质饲料，非常适应河蟹的生长。河蟹在水草上部游动时，身体非常干净，符合优质蟹"白肚"的要求。伊乐藻具有鲜、嫩、脆的特点，是河蟹优良的天然饲料。在长江流域通常4～5月和10～11月生物量达最高（图7-3）。

图7-3　伊乐藻

2.伊乐藻的缺点　伊乐藻的缺点是不耐高温，而且生长旺盛。当水温达到30℃时，基本停止生长，也容易臭水，因此这种水草的覆盖率应控制在20%以内，养殖户可以把它作为过渡性水草进行种植。

3.伊乐藻的种植和管理

（1）栽前准备：栽种伊乐藻之前要先对池塘进行清整，再注水施肥。

1）池塘清整：排水干池，每亩用生石灰150～200千克化水趁热全池泼洒，清野除杂，并让池底充分冻晒半个月，同时做好池塘的修复整理工作。

2）注水施肥：栽培前5～7天，注水30厘米左右深，进水口用60目*筛绢进行过滤，每亩施腐熟粪肥300～500千克，既作为栽培伊乐藻的基肥，又可培肥水质。

（2）栽培时间：根据伊乐藻的生理特征及生产实践的需要，我们建议栽培时间在11月至翌年1月中旬，气温5℃以上即可生长。如冬季栽插须在成蟹捕捞后，抽干池水，让池底充分冻晒一段时间，再用生石灰、茶子饼等药物消毒后进行。如果是在春季栽插应事先将蟹种用网圈养在池塘一角，等水草长至15厘米时再放开；否则，栽插成活后的嫩芽会被蟹种吃掉，或被蟹的巨螯掐断，甚至连根拔起。

（3）栽培方法：伊乐藻的栽培方法有以下几种。

1）沉栽法：每亩用15～25千克伊乐藻种株，将种株切成20～25

厘米长的段，每4～5段为一束，在每束种株的基部粘上有一定黏度的软泥团，撒播于池中，泥团可以带动种株下沉着底，并能很快扎根在泥中。

2）插栽法：一般在冬春季进行，每亩的用量与处理方法同上。把切段后的草茎放在生根剂的稀释液中浸泡一下，然后像插秧一样插栽，一束束地插入有淤泥的池中，栽培时栽得宜少，距离要拉大，株行距为1米×1.5米。插入泥中3～5厘米，泥上留15～20厘米，栽插初期保持水位以插入伊乐藻刚好没头为宜，待水草长满后逐步提高水位。种植时要留2～3米的空白带，使蟹池形成"十"字形或"井"字形无草区，作为日后河蟹的活动空间，便于河蟹活动。要避免水草布满全池，影响水流。如果将伊乐藻一把把地种在水里，会导致植株成团生长，由于河蟹爱吃伊乐藻的根茎，河蟹一夹就会断根漂浮而死亡。这一点非常重要，在栽培时要注意防止这种现象的发生。栽插初期池塘保持30厘米深的水位，待水草长满全池后逐步加深池水（图7-4）。

图7-4　插栽水草

3）踩栽法：伊乐藻生命力较强，在池塘中种株着泥即可成活。每亩的用量与处理方法同上，把它们均匀撒在塘中，水位保持在5厘米左右，然后用脚轻轻踩一踩，让它们粘着泥就可以了，10天后加水。

（4）管理：伊乐藻栽种后的管理工作有以下几点。

1）水位调节：伊乐藻宜栽种在水位较浅处，栽种后10天就能生出新根和嫩芽，3月底就能形成优势种群。平时可按照逐渐增加水位的方法加深池水，至盛夏水位加至最深。一般情况下，可按照"春浅、夏满、秋适中"的原则调节水位。

2）投施肥料：在施好基肥的前提下，还应根据池塘的肥力情况适量追施肥料，以保持伊乐藻的生长优势。

3）控温：伊乐藻耐寒不耐热，高温天气会断根死亡，后期必须控制水温，以免伊乐藻死亡而导致大面积水体污染。

4）控高：伊乐藻有一个特性就是一旦露出水面，会折断而导致死亡，破坏水质，因此不要让它疯长。方法是在5～6月不要加水太高，应慢慢地控制在60～70厘米；当7月水温达到30℃，伊乐藻不再生长时再加水位到120厘米。

二、苦草

在蟹池中种植苦草有利于观察饵料摄食，监控水质，苦草是目前我国池塘养蟹的最主要的水草资源之一。

1.苦草的特性 苦草又称为扁担草、面条草，是典型的沉水植物，高40～80厘米。地下根茎横生。茎方形，被柔毛。叶纸质，卵形，对生，叶片长3～7厘米，宽2～4厘米，先端短尖，基部钝锯齿。苦草喜温暖，耐荫蔽，对土壤要求不严，野生植株多生长在林下山坡、溪旁和沟边。苦草含较多营养成分，具有很强的水质净化能力，在我国广泛分布于河流、湖泊等水域，分布区水深一般不超过2米，在透明度大、淤泥深厚、水流缓慢的水域，生长良好。3～4月，水温升至15℃以上时，苦草的球茎或种子开始萌芽生长。在水温18～22℃时，经4～5天发芽，约15天出苗率可达98%以上。苦草在水底分布蔓延的速度很快，通常1株苦草1年可形成1～3平方米的群丛。6～7月是苦草分蘖生长的旺盛期，9月底至10月初达最大生物量，10月中旬以后分蘖逐渐停止，生长进入衰老期（图7-5）。

图7-5 苦草

2.苦草的优缺点 苦草的优点是河蟹喜食、耐高温、不臭水；缺点是容易遭到破坏，特别是高温期给河蟹喂食改口季节，如果不注意保护，破坏十分严重。有些以苦草为主的养殖水体，在高温期不到一个星期苦草全部被蟹夹断，养殖户捞草都来不及。捞草不及时的水体，出现水质恶化，有的水体发臭，出现"臭绿莎"，继而引发河蟹大量死亡。

3.苦草的栽培与管理

（1）栽种前准备：苦草栽种前的准备工作有以下几点。

1）池塘清整：排水干池，每亩用生石灰150～200千克化水趁热全池泼洒，清野除杂，并让池底充分冻晒半个月，同时做好池塘的修复整理工作。

2）注水施肥：栽培前5～7天，注水30厘米左右深，进水口用60目筛绢进行过滤，每亩施草皮泥、人畜粪尿与磷肥混合至1 000～1 500千克作基肥，和土壤充分拌匀待播种。

3）草种选择：选用的苦草种应籽粒饱满、光泽度好，呈黑色或黑褐色，长度2毫米以上，直径不小于0.3毫米，以天然野生苦草的籽为好，可提高子一代的分蘖能力。

4）浸种：选择晴朗天气晒种1～2天，播种前，用池塘清水浸种12小时。

（2）栽种时间：有冬季种植和春季种植两种，冬季播种时常常用干播法，应利用池塘晒塘的时机，将苦草籽撒于池底，并用耙耙匀；春季种植时常常用湿播法，用潮湿的泥团包裹草籽扔在池塘底部即可。

（3）栽种方法：苦草的栽种方法有以下几种。

1）播种：播种期在4月底至5月上旬，当水温回升至15℃以上时播种，用种量（实际种植面积）15～30克／亩。精养塘直接种在田面上，播种前向池中加新水3～5厘米深，最深不超过20厘米。大水面应种在浅滩处，水深不超过1米，以确保苦草能进行充分的光合作用。选择晴天晒种1～2天，然后浸种12小时，捞出后搓出果实内的种子。清洗掉种子上的黏液，将种子与半干半湿的细土或细沙（按1∶10）混合撒播，条播或间播均可，下种后薄盖一层草皮泥，并盖草，淋水保湿以利于种子发芽。搓揉后的果实中还有很多种子未搓出，也撒入池中。在正常温度18℃以上，播种后10～15天即可发芽。幼苗出土后可揭去覆盖物。

2）插条：选苦草的茎枝顶梢，具2～3节，长10～15厘米作插穗。

在3～4月或7～8月按株行距20厘米×20厘米斜插。一般约1周即可长根，成活率达80%～90%。

3）移栽：当苗具有2对真叶，高7～10厘米时移植最好。定植密度株行距25厘米×30厘米或26厘米×33厘米。定植地每亩施基肥2 500千克，用草皮泥、人畜粪尿、钙镁磷混合混料最好。还可以采用水稻"抛秧法"将苦草秧抛在养蟹水域（图7-6）。

图7-6　苦草移栽

（4）管理：栽种苦草后的管理工作有以下几点。

1）水位控制：种植苦草时前期水位不宜太高，太高了由于水压的作用，会使草籽漂浮起来而不能发芽生根。苦草在水底蔓延的速度很快，为促进苦草分蘖，抑制叶片营养生长，6月中旬以前，池塘水位控制在20厘米以下，6月下旬水位加至30厘米左右，此时苦草已基本满塘，7月中旬水深加至60～80厘米，8月初可加至100～120厘米。

2）设置暂养围网：这种方法适合在大水面中使用。将苦草种植区用围网拦起，待水草在池底的覆盖率在60%以上时，拆除围网。

3）密度控制：如果水草过密，要及时去头处理，以达到搅动水体、控制长势、减少缺氧的作用。

4）肥度控制：分期追肥4～5次，生长前期每亩可施稀粪尿水500～800千克，后期可施氮、磷、钾复合肥或尿素。

5）加强饲料投喂：当正常水温达到10℃以上时就要开始投喂一些配合饲料或动物性饲料，以防止苦草芽遭到破坏。当高温期到来时，在饲料投喂方面不能直接改口，而是逐步地减少动物性饲料的投喂量，增加植物性饲料的投喂量，以让河蟹有一个适应过程。但是高温期间也不能全部停喂动物性饲料，而是逐步将动物性饲料的比例降至日投喂量的30%左右。这样，既可保证河蟹的正常营养需求，也可防止水草遭到过早破坏。

6）捞残草：每天巡塘时，把漂在水面的残草捞出池外，以免破坏水质，影响池底水草光合作用。

三、轮叶黑藻

1.轮叶黑藻的特性 轮叶黑藻又名节节草、温丝草，因每一枝节均能生根，故有节节草之称，是多年生沉水植物，茎直立细长，长50～80厘米，叶带状披针形，广布于池塘、湖泊和水沟中。冬季为休眠期，水温10℃以上时，芽苞开始萌发生长，前端生长点顶出其上的沉积物，茎叶见光呈绿色，同时随着芽苞的伸长在基部叶腋处萌生出不定根，形成新的植株。轮叶

图7-7 轮叶黑藻

黑藻的再生能力特强，待植株长成又可以断枝再植。轮叶黑藻可移植也可播种，栽种方便，并且枝茎被河蟹夹断后还能正常生根长成新植株而不会死亡，不会对水质造成不良影响，而且河蟹也喜爱采食。因此，轮叶黑藻是河蟹养殖水域中极佳的水草种植品种（图7-7）。

2.轮叶黑藻的优点 喜高温、生长期长、适应性好、再生能力强，河蟹喜食，适合于光照充足的池塘及大水面播种或栽种。轮叶黑藻被河蟹夹断后能节节生根，生命力极强，不会破坏水质。

3.轮叶黑藻的种植和管理

（1）栽前准备：栽植前的准备工作有以下几点。

1）池塘清整：排水干池，每亩用生石灰150～200千克化水趁热全池泼洒，清野除杂，并让池底充分冻晒半个月，同时做好池塘的修复整理工作。

2）注水施肥：栽培前5～7天，注水30厘米左右深，进水口用60目筛绢进行过滤，每亩施粪肥400千克作基肥。

（2）栽培时间：大约在6月中旬为宜。

（3）栽培方法：轮叶黑藻的栽培方法有以下几种。

1）移栽：将蟹池留10厘米的淤泥，注水至刚没泥。将轮叶黑藻

的茎切成15～20厘米小段，然后像插秧一样，均匀地插入泥中，株行距20厘米×30厘米。苗种应随取随栽，不宜久晒，一般每亩用种株50～70千克。由于轮叶黑藻的再生能力强，生长期长，适应性强，生长快，产量高，利用率也较高，最适宜在蟹池种植。

2）枝尖插植：轮叶黑藻有须状不定根，在每年的4～8月，处于营养生长阶段，枝尖插植3天后就能生根，形成新的植株。

3）营养体移栽繁殖：一般在谷雨前后，将池塘水排干，留底泥10～15厘米，将长至15厘米的轮叶黑藻切成长8厘米左右的段节，每亩按30～50千克均匀播撒，使茎节部分浸入泥中，再将池塘水加至15厘米深。约20天后全池都覆盖着新生的轮叶黑藻，可将水加至30厘米，以后逐步加深池水，不使水草露出水面。移植初期应保持水质清新，不能干水，不宜施用化肥，可用生化产品促进定根健草。

4）芽苞种植：每年的12月到翌年3月是轮叶黑藻芽苞的播种期，应选择晴天播种，播种前池水加注新水10厘米，每亩用种500～1 000克，播种时应按行、株距50厘米将芽苞3～5粒插入泥中，或者拌泥沙撒播。当水温升至15℃时，5～10天开始发芽，出苗率可达95％（图7-8、图7-9）。

图7-8 轮叶黑藻的芽苞

图7-9 轮叶黑藻种子发芽

5）整株种植：在每年的5～8月，天然水域中的轮叶黑藻已长成，长达40～60厘米，每亩蟹池一次放草100～200千克，一部分被蟹直接摄食，一部分生须根着泥存活。

（4）加强管理：轮叶黑藻栽植后的管理工作如下。

1）水质管理：在轮叶黑藻萌发期间，要加强水质管理，水位慢慢调深，同时多投喂动物性饵料或配合饲料，减少河蟹食草量，促进须根生成。

2）及时清除青苔：轮叶黑藻常常伴随着青苔的发生，在养护水草时，如果发现有青苔滋生，需要及时消除青苔。具体的清除清苔的方法请见前文。

四、金鱼藻

1.金鱼藻的特性　金鱼藻又称狗尾巴草，是沉水性多年生水草，全株深绿色，长20～40厘米，群生于淡水池塘、水沟、稳水小河、温泉流水及水库中，尤其适合在大水面养蟹中栽培，是河蟹的极好饲料（图7-10）。

图7-10　金鱼藻

2.金鱼藻的优缺点　优点是耐高温、再生能力强、蟹喜食；缺点是特别旺发，容易臭水。

3.金鱼藻的种植和管理

（1）全草移栽：在每年10月以后，待成蟹基本捕捞结束后，可从湖泊或河沟中捞出全草进行移栽，用草量一般为每亩50～100千克。这个时候进行移栽，因为没有河蟹的破坏，基本不需要进行专门的保护。

（2）浅水移栽：这种方法宜在蟹种放养之前进行，移栽时间在4月中下旬，或当地水温稳定通过11℃即可。首先浅灌池水，将金鱼藻切成长10～15厘米的小段，然后像插秧一样，均匀地插入池底，亩栽

10~15千克（图7-11）。

图7-11 金鱼藻的浅水移栽

（3）深水栽种：水深1.2~1.5米，金鱼藻的长度留1.2米；水深0.5~0.6米，草茎留0.5米。准备一些手指粗细的棍子，棍子长短视水深浅而定，以齐水面为宜。在棍子入土的一头离10厘米处用橡皮筋绷上3~4根金鱼藻，每蓬嫩头不超过10个，分级排放。移栽时做到深水区稀，浅水区密，肥水池稀，瘦水池密，急用则密，等用则稀的原则，一般栽插密度为深水区1.5米×1.5米栽1蓬，浅水区1米×1米栽1蓬，依此类推。

（4）专区培育：在池塘、湖泊或河沟的一角设立水草培育区，专门培育金鱼藻。培育区内不放养任何草食性鱼类和河蟹。10月进行移栽，到翌年4~5月就可获得大量水草。每亩用草种量50~100千克，每年可收获鲜草5 000千克左右，可供25~50亩水面用草。

（5）隔断移栽：每年5月以后可捞新长的金鱼藻全草进行移栽。这时候移栽必须用围网隔开，防止水草被风吹走或被河蟹破坏。围网面积一般为每个10~20平方米，每亩2~4个，每亩草种量100~200千克。待水草落泥成活后可拆去围网。

（6）栽培管理：金鱼藻栽植后的管理工作如下。

1）水位调节：金鱼藻一般栽在深水与浅水交汇处，水深不超过2米，最好控制在1.5米左右。

2）水质调节：水清是水草生长的重要条件。水体浑浊，不宜水草生长，建议先用生石灰调节，将水调清，然后种草，发现水草上附着泥土等杂物，应用船从水草区划过，并用桨轻轻将水草上的污物拨洗干净。

3）及时疏草：当水草旺发时，过密的水草无法进行光合作用而出现死草臭水现象，可用镰刀割除过密的水草，并及时捞走。

4）清除杂草：当水体中着生大量的水花生时，应及时将它们清除，以防止影响金鱼藻等水草的生长。

五、空心菜

1.空心菜的特性 空心菜又名蕹菜、竹叶菜，开白色喇叭状花，梗中心是空的，故称空心菜。空心菜种植在池边或水中，既可以为河蟹提供遮阴场所，它的茎叶和根须又能被河蟹摄食。

2.空心菜的栽种与管理 空心菜对土壤要求不严，适应性广，无论旱地水田，沟边地角都可栽植。

（1）土埂斜坡栽培法：在距池底1~1.5米之间的地带种植，时间一般在4月中下旬。先将该地带的土地翻耕5~10厘米，亩施腐熟有机肥2 500~3 000千克或人粪尿1 500~2 000千克、草木灰50~100千克，与土壤混匀后耙平整细，然后采用撒播方法来播种。播种前首先对种子进行处理，即用50~60℃温水浸泡30分钟，然后用清水浸种20~24小时，捞起洗净后放在25℃左右的温度下催芽，催芽期间要保持湿润，每天用清水冲洗种子1次，待种子破皮露白点后即可播种。每亩用种量6~10千克。撒播后，将种子用细土覆盖，以后定期浇灌，以利于出苗。一般7天左右即可出苗，出苗后定期施肥，以促进空心菜植株快速生长，施肥以鸡粪为好。当气温升高，空心菜生长旺盛，枝叶繁茂，随着水位上涨，其茎蔓及分枝会自然在水面及水中延伸，在池塘四周的水面形成空心菜的生态带。可以根据蟹池的需要控制其覆盖水面面积在20%~30%即可。

（2）水面直接栽培法：当空心菜长达20厘米左右时，节下就会生长出须根，这时剪下带须根的苗即可作为供蟹池栽培用的种苗。先将这些茎节放在靠近岸边的浅水区，它们会慢慢地生根并迅速生长、蔓延。蟹池以空心菜植株长大后覆盖水面面积不超过30%为宜。若超过此面积时，可以作为蔬菜或青饲料及时采收（图7-12）。

六、菱角

1.菱角的特性 菱角是一年生草本水生植物，叶片非常扁平光滑，具有根系发达、茎蔓粗大、适应性强、抗高温的特点。菱角藤长绿叶子，茎为紫红色，开鲜艳的黄色小花（图7-13）。

图7-12 空心菜的水面栽培

图7-13 菱角

2.菱角的种植

（1）直播栽培菱角：在2米以内的浅水中种菱，多用直播。一般在气温稳定在12℃以上时播种，如长江流域宜在清明前后7天内播种，而京、津地区可在谷雨前后播种。播前先催芽，芽长不要超过1.5厘米，播时先清池，清除野菱、水草、青苔等。播种方式以条播为宜，条播时，根据蟹池地形，划成纵行，行距2.6～3米，每亩用种量20～25千克。

（2）育苗移栽菱角：水深3～5米处，直播出苗比较困难，即使出苗，苗也纤细瘦弱，产量不高，此时可采取育苗移栽的方法。一般可选用向阳、水位浅、土质肥、排灌方便的池塘作为苗地，实施条播。育苗时，将种菱放在5～6厘米浅水池中利用阳光保温催芽，5～7天换一次水。发芽后移至繁殖田，等茎叶长满后再进行幼苗定植，每8～10株菱盘为一束，用草绳结扎，用长柄铁叉叉住菱束绳头，栽植于水底泥土中，栽植密度按株行距1米×2米或1.3米×1.3米定穴，每穴种3～4株苗。

（3）球茎抛植：每年的3月前后，也可在渠底或水沟中挖取菱的球茎，带泥抛入池中，让其生长，它的根或茎就会生长在底泥中，叶能漂浮于水面。

（4）栽培管理：菱角栽植后的栽培管理工作如下。

1）清除杂草：要及时清除蟹塘中的槐叶萍、水鳖草、水绵、野菱等。由于菱角对除草剂敏感，必要时进行手工除草。

2）水质管理：生长过程中水层不宜大起大落，否则影响分枝成苗率。移栽后到6月底，保持蟹塘水深20~30厘米，增温促蘖，每隔15天换一次水。7月份后随着气温升高，菱塘水深逐步增加到45~50厘米。在盛夏可将水逐渐加深到1.5米，最深不超过2米。

七、茭白

茭白为水生植物，株高1~2米，叶互生，性喜生长于浅水中，喜高温多湿，生育初期适温15~20℃，嫩茎发育期20~30℃。

茭白用无性繁殖法种植，长江流域于4~5月间选择那些生长整齐，茭白粗壮、洁白，分蘖多的植株作种株。宜栽在池边的四周或浅滩处，栽种时应连根移栽，要求秧苗根部入水在10~12厘米之间，每亩30~50棵即可。

八、水花生

水花生是挺水植物，水生或湿生多年生宿根性草本，茎长可达1.5~2.5米，其基部在水中匍生蔓延。原产于南美洲，我国长江流域各省水沟、水塘、湖泊均有野生。水花生适应性极强，喜湿耐寒，抗寒能力也超过水葫芦和空心菜等水生植物，能自然越冬，气温上升到10℃时即可萌芽生长，最适温度为22~32℃。5℃以下时水上部分枯萎，但水下茎仍能保留在水下不萎缩（图7-14）。

图7-14　水花生

在移栽时用草绳把水花生捆在一起，形成一条条的水花生柱，平行放在池塘的四周。许多河蟹尤其是小老蟹会长期待在水花生下面，因此要经常翻动水花生，一是让水体能动起来，二是防止水花生的下面发臭，三是减少河蟹的隐蔽，促进生长（图7-15、图7-16）。

图7-15　水花生的插栽

图7-16　水花生柱

九、水葫芦

水葫芦是一种多年生宿根浮水草本植物，高约0.3米，在深绿色的叶下，有一个直立的椭圆形中空的葫芦状茎。因它浮于水面生长，又叫水浮莲，又因其在根与叶之间有一像葫芦状的大气泡，又称水葫芦。水葫芦茎叶悬垂于水上，蘖枝匍匐于水面。花为多棱喇叭状，花色艳丽美观。叶色翠绿偏深。叶全缘，光滑有质感。须根发达，分蘖繁殖快，管理粗放，是美化环境、净化水质的良好植物。喜欢在向阳、平静的水面，或潮湿肥沃的边坡生长。水葫芦喜温，在0～40℃的范围内均能生长，13℃以上开始繁殖，20℃以上生长加快，25～32℃生长最快，35℃以上生长减慢，43℃以上则逐渐死亡（图7-17）。

图7-17　水葫芦

水葫芦对其生活的水面采取了野蛮的封锁策略，挡住阳光，导致水下植物得不到足够光照而死亡，破坏水下动物的食物链，致使水生动物死亡。此外，水葫芦还有富集重金属的能力，死后腐烂体沉入水底形成重金属高含量层，直接杀伤底栖生物。因此有专家将它列为有害生物，所以我们在养殖河蟹时，可以利用，但不可过量。

在水质良好、气温适当、通风较好的条件下株高可长到50厘米，一般可长到20~30厘米，可在池中用竹竿、草绳等隔一角落进行培育。一旦水葫芦生长得过快，池中过多过密时，就要立即清理。

十、青萍

青萍在我国南北均有分布，生长于池塘、稻田、湖泊中，以色绿、干燥、完整、无杂质者为佳。

可根据需要随时捞取，也可在池中用竹竿、草绳等隔一角落进行培育。只要水中保持一定的肥度，它们都可生长良好。若在水中生长不良，可用少量化肥化水泼洒，促进其生长发育。

十一、芜萍

芜萍是多年生漂浮植物，椭圆形粒状叶体，没有根和茎，长0.5~8毫米，宽0.3~1毫米，生长在小水塘、稻田、藕塘和静水沟渠等水体中（图7-18）。

芜萍的培育方法同青萍。

图7-18　萍类

第三节　水草的养护

一、不同生长阶段对水草的管理要求

许多养殖户对于水草，只种不管，认为水草这种东西在野塘里到处生长，不需要加强管理，其实这种观念是错误的。如果对水草不加强管理的话，不但不能正常发挥水草的作用，而且一旦水草大面积衰

败时会大量沉积在池底，腐烂变质，极易污染水质，进而造成河蟹死亡。

河蟹养殖的不同时期对蟹池里的水草要求是不一样的。

1. 养殖前期　河蟹养殖前期对水草的要求是种好草。一是要求塘口多种草、种足草；二是要求塘口种上河蟹适宜的水草；三是要求种的草要成活，要萌发，要能在较短时间内形成水下森林（图7-19）。

2. 养殖中期　河蟹养殖中期对水草的要求是管好草。一是蟹池水色过浓而影响水草进行光合作用的，应及时调水至清新状态或降低水位，从而增强光线透入水中的机会，增强水草的光合作用；二是如果蟹池的水质浑浊，水草上附着污染物的，应及时清洗水草，对于水面较大的蟹池，可以使用相应的药物泼洒，对水草上的污物进行分解；三是一旦发现蟹池里的水草有枯萎现象或缺少活力的，应及时用生化肥料或其他肥料进行追肥，同时要加强对水草的保健。

3. 养殖后期　河蟹养殖后期对水草的要求是控好草（图7-20）。一是控制水草的疯长，水草在池塘里的覆盖率维持在50%左右就可以了；二是加强台风期的水草控制，在养殖后期也是台风盛行的时候，在台风到来前，要做好水位的控制，主要是适当降低水位，避免较大的风力把水草根茎拔起而离开池底，造成枯烂，污染水质；三是对水草超出水面的，在6月初割除老草头，让其重新生长出新的水草，形成水下森林。

图 7-19　早期水草的养护重点是要成活且萌发

图 7-20　后期水草的养护重点是要控制水草长势

二、蟹池水草疯长的应对措施

1.控制水草疯长的原因　随着水温的渐渐升高，蟹池里的水草生长速度也不断加快，在这个时期，如果蟹池中水草没有得到很好的控制，就会出现疯长现象。而且疯长后的水草会出现腐烂，直接导致水质变坏，水中严重缺氧，将给河蟹养殖造成严重危害。对水草疯长的蟹池，可以采取多种措施加以控制（图7-21）。

图7-21　水草疯长的情况

2.人工清除　这个方法是比较原始的，劳动量也大，但是效果好，适用于小型蟹池。具体措施就是随时将漂浮的水草及腐烂的水草捞出。对于池中生长过多过密的水草可以用刀具割除，也可以在绳索上挂刀片，两人在岸边来回拉扯从而达到割草的目的。每次水草的割除量控制在水草总量的1/3以下。还有一种割草的方法就是在蟹池中间割出一些草路，每隔8～10米就可以割出一条2米左右的草路，让河蟹有自由活动的通道。

3.缓慢加深池水　一旦发现蟹池中的水草生长过快，应加深池水让草头没入水面30厘米以下，通过控制水草的光合作用来达到抑制生长的目的。在加水时，应缓慢加入，让水草有个适应的过程，不能一次加得过多，否则会发生死草并腐烂变质，从而导致水质恶化。

4.补氧除害　对于那些水草过多且疯长的池塘，如果遇到闷热、气压过低的天气时，既不要临时仓促割草，也不要快速加换新水，以免搅动池底，使污物泛起。要先向水体里投放高效的增氧剂，既可以是化学增氧剂，也可以是生化增氧产品，目的是补充水体溶解氧的不足；同时使用药物来消除水体表面的张力和水体分层现象，促使蟹池里的有害物质转化为无害的有机物或气体逸出水面，等天气和气压状况好转后，再将疯长的水草割去，同时加换新水。

5.调节水质　水草疯长的池塘，水里面的腐烂草屑和其他污物一般都很多，这是水质不好的表现，如果不加以调控的话，很可能就会进一步恶化。特别是在大雨过后及人工割除的情况下，现象更是明显，而且短期内水质都会不好，这时就要着手调节水质。

调节水质的方法很多，可以先用生石灰化水全池泼洒，烂草和污物多的地方要适当多洒，第二天上午使用解毒剂进行解毒，然后再施用追肥。

三、水草管理中的几个问题及处理方法

1.水草老化

（1）水草老化的原因：蟹池经过一段时间的养殖后，由于水体中肥料营养已经被水草和其他水生动植物消耗得差不多了，出现营养供应不足，导致水质不清爽，引起水草老化。

（2）水草老化的危害：一是污物附着水草，叶子发黄；二是草头贴于水面上，经太阳曝晒后停止生长；三是伊乐藻等水草老化比较严重，出现了水草下沉、腐烂的情况。水草老化对河蟹养殖的影响就是破坏水质、底质，从而影响河蟹的生长。

（3）对策：一是对于老化的水草要及时进行"打头"或"割头"处理；二是促使水草重新生根、促进生长。可通过施加肥料或生化肥等方面来达到目的。这里介绍一例，供参考，可用1桶健草养螺宝加1袋黑金神用水稀释后全池泼洒，可供8～10亩使用。

2.水草过密

（1）水草过密的原因：蟹池经过一段时间的养殖，随着水温的升高，水草的生长也处于旺盛期，于是有的池塘里就会出现水草过密的现象。

（2）水草过密的危害：一是过密的水草会封闭整个蟹池表面，造成池塘内部缺少氧气和光照，河蟹会缺氧而死亡；二是过密的水草会大量吸收池塘的营养，从而造成蟹池的优良藻相无法保持稳定，时间一长就会造成河蟹疾病频发；三是水草过密，河蟹有了天然的躲避场所，它们就会躲藏在里面不出来，时间一长就会造成大量的懒蟹产生，从而造成整个池塘的河蟹产量下降，规格降低。

（3）对策：一是对过密的水草强行打头或刈割，从而起到稀疏

水草的效果；二是对于生长旺盛、过于茂盛的水草要进行分块，有一定条理地"打路"处理，一般5～6米打一宽2米的通道以加强水体间上、下水层的对流及增加阳光的照射，有利于水体中有益藻类及微生物的生长，还有利于河蟹的行动、觅食，增加河蟹的活动空间；三是处理水草后，要在蟹池中全池泼洒防应激、抗应激的药物，来缓解河蟹因改变光照、水体环境带来的应激反应；四是将过多的水草捞出一部分，起到降低水草密度的作用。

3.水草过稀 在养殖过程中，温度越来越高，河蟹越长越大，而蟹池里的水草却越来越稀少，这在河蟹养殖中是最常见的一种现象。经过分析，我们认为影响水草过稀有下面几种情况，不同的情况对河蟹造成的影响是不同的，处理的对策也有所不同。

（1）水质老化浑浊造成的水草过稀：蟹池里的水太浑浊，水草上附着大量的黏滑浓稠的污物，这些污物在水草的表面阻断了水草利用光能进行光合作用的途径，从而阻碍了水草的生长发育。

对策：一是换注新水，促使水质澄清；二是先清洗水草表面的污泥，然后再促使水草重新生根、促进生长。可通过施加肥料或生化肥等来达到目的。

（2）水草根部腐烂、霉变而引起的水草过稀：养殖过程中由于大量投饵或使用化肥、鸡粪等导致底部有机质过多，水草根部在池底受到硫化氢、氨、沼气等有害气体和有害菌侵蚀造成根部的腐烂、霉变，进而使整株水草枯萎、死亡。

对策：一是及时捞出死亡的水草，减少对蟹池的污染；二是对池水进行解毒处理，用相应的药物来消除池塘里硫化氢、氨等气体；三是做好河蟹的保护工作，可内服大蒜素（0.5%）、护肝药物(0.5%)、多维(1%)，每天1次，连续3～5天，防止河蟹误食已经霉变的水草而中毒；四是用药物对已腐烂、霉变的水草进行氧化分解，达到抑制、减少有害气体及有害菌的作用，从而保护健康水草根部不受侵蚀而腐烂、霉变。这类药物目前市场上属于新品种，并不多见，如使用六控底健康就可以解决此类问题，具体的用量和用法请参考药物使用说明。

（3）因水草的病虫害而引起的水草过稀：春夏之交是各种病虫繁殖的旺盛期，这些飞虫将自己的受精卵产在水草上孵化。孵化出来的幼虫通过噬食水草来获取营养，导致水草慢慢枯死，从而造成蟹池里的水草稀疏。

对策：由于蟹池里的水草是不能乱用药物的，尤其是针对飞虫的药物有相当一部分是菊酯类的，对河蟹有致命伤害，因此不能使用。针对水草的病虫害只能以预防为主，可用经过提取的大蒜素制剂与食醋混合后喷洒在水草上，能有效驱虫和溶化分解虫卵。大蒜素制剂和食醋的用量请参考说明书。

（4）综合因素引起的水草过稀：主要是高温季节、高密度、高投饵、高排泄、高残留、低气压、低溶氧，水质、底质容易变坏，对水草的健康生长带来不良影响，是河蟹养殖的高危期。

对策：每5～7天在水草生长区和投饵区抛洒底部改良剂或漂白粉制剂，目的是使水质通透，防止底质腐败，消除有毒有害物质如亚硝酸盐、氨氮、硫化氢、甲烷、重金属、有害腐败病菌等，保护水草健康。

（5）河蟹割草而引起的水草过稀：河蟹用大螯把水草夹断，就像人工用刀割的一样，养殖户把这种现象叫作河蟹割草。

对策：蟹池里如果有少量河蟹割草属于正常现象，如果在投喂后这种现象仍然存在，这时可根据蟹池的实际情况合理投放一定数量的螺蛳，有条件的尽量投放仔螺蛳。

蟹池里如果有大量河蟹割草，那就不正常了，可能是河蟹的饲料不足或者河蟹开始发病的征兆。一是针对饲料不足时可多投喂优质饲料；二是配合施用追肥，来达到肥水培藻的目的，也可使用市售的培藻产品按说明泼洒，以达到培养藻类的效果。

第八章　河蟹的病害防治

第一节　病害原因

由于河蟹患病初期不易发现，一旦发现，病情就已经不轻，用药治疗作用较小，疾病不能及时治愈，导致河蟹大批死亡而使养殖者陷入困境。所以防治河蟹疾病要采取"预防为主、防重于治、全面预防、积极治疗"等措施，控制蟹病的发生和蔓延。

为了很好地掌握河蟹的发病规律和防止蟹病的发生，首先必须了解发病的病因。河蟹发病原因比较复杂，既有外因也有内因。查找根源时，不应只考虑某一个因素，应该把外界因素和内在因素联系起来加以考虑，才能正确找出发病的原因。

一、环境因素

1.水温　在正常情况下，河蟹体温随外界环境尤其是水体的水温变化而发生改变。当水温发生急剧变化时，机体由于适应能力不强而发生病理变化乃至死亡。如蟹苗在入池时要求温差低于3℃，否则会因温差过大而生病，甚至大批死亡。

2.水质　河蟹为维护正常的生理活动，要求有适合生活的良好水环境。水质的好坏直接关系到河蟹的生长，影响水质变化的因素有水体的酸碱度（pH）、溶氧（DO）、生化耗氧量（BOD）、透明度、氨氮含量及微生物等理化指标。在这些适宜的范围内，河蟹生长发育良好，一旦水质环境不良，就可能导致河蟹生病或死亡。

3.化学物质　池水化学成分的变化往往与人们的生产活动、周围环境、水源、生物（鱼虾类、浮游生物、微生物等）活动、底质等有关。如蟹池长期不清塘，池底堆积大量没有分解的剩余饵料、水生动物粪便等，这些有机物在分解过程中，会大量消耗水中的溶解氧，同时还会放出硫化氢、沼气、二氧化碳等有害气体，毒害河蟹。有些地方，土壤中重金属盐（铅、锌、汞等）含量较高，在这些地方养殖河蟹，容易引起河蟹畸形。工厂、矿山和城市排出的工业废水和生活污水日益增多，含有一些重金属毒物——硫化氢、氯化物等物质的废水如进入蟹池，重则引起河蟹的大量死亡。

4.农药 河蟹对某些农药如敌百虫、菊酯类杀虫剂以及化肥、液化石油气等化学物品非常敏感，只要池塘内有这些化学物品，河蟹就会全部死亡，因此养殖水体应符合国家颁布的渔业水质标准和无公害食品淡水水质标准。养殖区里有稻田的，要注意在防治水稻疾病时，不能轻易将田水放入养殖水域中；如果是稻田混养的，在选择药物时要注意药物的安全性。

二、病原体侵袭

导致河蟹生病的病原体有真菌、细菌、病毒、原生动物等，这些病原体是影响河蟹健康的罪魁祸首。另外，还有些直接吞食或直接危害河蟹的敌害生物，如池塘内的青蛙会吞食软壳蟹，池塘里如果有乌鳢生存，对河蟹的危害极大。

三、自身因素

河蟹自身因素的好坏是抵御外来病原菌的重要因素，自体健康的蟹能有效地预防部分疾病的发生，软壳蟹对疾病的抵抗能力就要弱得多。

四、人为因素

1.操作不慎 在饲养过程中，有时会因操作不当或动作粗糙碰伤河蟹，造成附肢缺损或自切损伤，这样很容易使病菌从伤口侵入，使河蟹感染患病。

2.外部带入病原体 从自然界中捞取活饵、采集水草和投喂时，由于消毒、清洁工作不彻底，可能带入病原体。另外病蟹用过的工具未经消毒又用于无病蟹也能引起重复感染或交叉感染。

3.饲喂不当 大规模养蟹基本上是靠人工投喂饲养，如果投喂不当，或饥或饱及长期投喂干饵料，饵料品种单一，饲料营养成分不足，缺乏动物性饵料和合理的蛋白质、维生素、微量元素等，这样河蟹就会缺乏营养，造成体质衰弱，就容易感染患病。投饵过多，投喂的饵料变质、腐败，易引起水质腐败，促进细菌繁衍，导致河蟹生病。

4.环境调控不力　河蟹对水体的理化性质有一定的适应范围。如果单位水体内载蟹量太多，易导致生存的生态环境恶劣，加上不及时换水，蟹和鱼的排泄物、分泌物过多，二氧化碳、氨氮增多，微生物滋生，蓝绿藻类浮游植物生长过多，都可使水质恶化，溶氧量降低，使蟹发病。

5.放养密度不当和混养比例不合理　合理的放养密度和混养比例能够增加蟹产量，但放养密度过大，会造成缺氧，并降低饵料利用率，引起河蟹的生长速度不一致，大小悬殊；同时由于蟹缺乏正常的活动空间，加之代谢物增多，会使其正常摄食生长受到影响，抵抗力下降，发病率增高。另外，不同规格的蟹同池饲养，在饵料不足的情况下，易发生以大欺小和相互咬伤现象，造成较高的发病率。鱼、蟹类在混养时应注意比例和规格，如比例不当，不利于河蟹的生长。

6.饲养池及进排水系统设计不合理　饲养池特别是其底部设计不合理时，不利于池中的残饵、污物的彻底排除，易引起水质恶化使蟹发病。进排水系统不独立，一池蟹发病往往会传播到另一池蟹。这种情况特别是在大面积精养时或水流池养殖时更要注意预防。

7.消毒不够　蟹体、池水、食场、食物、工具等消毒不够，会使河蟹的发病率大大增加。

第二节　幼蟹病害的防治

一、幼蟹病害的特点及防治措施

幼蟹在大水面培育中很少发生疾病，可能是大水面的生态环境比较适合其生长需要而削弱了病害滋长寄生的机会。即使有病发生，由于幼蟹体形较小、水面较大，人们也难以发现。但是在培育仔幼蟹时，由于人为因素，使河蟹的生态环境发生了变化，养殖密度大大提高，河蟹的活动范围受到了明显限制，加上有的育苗户饲养不当，管理不善等因素，使幼蟹的发病率大大提高。当然，由于人工培育仔幼蟹水体面积较小，人为调控能力强，一旦发现或预知疾病发生，可以有效地预防与治疗，把损失减少到最小。

在培育蟹苗变态到Ⅰ期幼蟹的几天里，由于池水很少交换，加上浮游生物的生长高峰期到来，水质容易恶化；而在幼蟹培育后期，培育池内大量投饵，幼蟹的排泄物、蜕下的甲壳和残饵大量存在，一时不易清除，在水体高温作用下，极易腐烂发臭，使池水变质，造成各种有害菌类和藻类大量繁殖，病原体大量滋生，因此这两个阶段是幼蟹疾病的高发时期。

幼蟹的蜕皮与蜕壳是生命活动过程中极其重要的环节，同时也是生命过程中极其脆弱的时候。当环境条件不适时，往往会造成蜕壳不遂而死亡。蜕壳后的软壳蟹，易遭敌害威胁或同类残食；抗病能力较弱，也易染上传染性疾病。在进行仔幼蟹培育时，蟹苗的来源、品种、质量、淡化日龄往往也成为其致病与死亡的直接原因。因此，在购买时要慎重选择，正确地加以对比与鉴别。

在培育过程中，有的养殖户掉以轻心，饲养管理与技术水平跟不上，幼蟹的投饵数量和质量没有保证，投饵没有规律，或大量投喂营养成分单调的饲料，幼蟹往往对这类饲料食用较少，经常处于半饥半饱状态，造成食欲缺乏，体质消瘦，降低了对病虫害的抵抗能力。而不恰当的投饵方法易使大量残存饲料在水体里发酵变质，从而影响水质。

培育幼蟹时，防病的重点应放在蟹苗放养前及培育过程中。在大眼幼体入池前对养蟹的环境（培育池）进行生石灰带水消毒，用量为0.15千克/米³，清池半个月后经试水无毒后才可以放入蟹苗；选购质量好、体质健壮、亲蟹个体大、品质正宗的中华绒螯蟹蟹苗；购苗及运输要小心操作；投放时确定合理的放养密度也是提高蟹苗成活率、减少疾病的有效措施之一，密度过高会增加仔幼蟹相互残杀和传染疾病的机会。在进入Ⅰ期幼蟹后，培育池要定期更换池水，保持清新的水质和丰富的溶氧（DO>5毫克/升），以减少发病的机会。在饲料投饲上，应严格按各期的摄食特点进行分期、分量、分级投喂高质量的饵料。

二、聚缩虫病

1.病原病因 本病是因聚缩虫寄生而引起的，聚缩虫病是幼蟹培育中的主要疾病。

2.症状特征 病蟹白天常见于池边浅水区独立爬行，然后沿着防逃设施向上攀爬，其活动、摄食能力减弱，继而陆续死亡。经镜检解剖，发现病蟹的壳及鳃上寄生大量的聚缩虫。聚缩虫少量寄生时，对幼蟹生长无明显影响，严重寄生时，蟹的额部、步足、背壳及鳃部都布满寄生虫，影响幼蟹的活动和生长。幼蟹的活动表现为无力或瘫痪状态，呼吸微弱。

3.流行特点 以Ⅲ期以后的幼蟹患病为多。

4.危害情况 病蟹一般在黎明前死亡较多。

5.预防措施

（1）放养蟹苗前，用生石灰彻底清洗培育池，平时多注意换水和注水，合理投饵，及时清除残饵，增强幼蟹自身的体质。

（2）目前认为幼蟹培育时密度过高及培育后期池水过肥可能是聚缩虫病的诱发因子，因而建议放苗时密度合理，不要太高，保持水中有充足的溶氧。

（3）河蟹蜕壳后2天，最好能换去4/5的水。

6.治疗方法

（1）已经附着虫体的可用0.1～0.25毫克/升硫酸铜全池泼洒。

（2）用50毫克/升的福尔马林溶液或30毫克/升的新洁尔灭溶液或35毫克/升的制霉菌素全池泼洒。

（3）用500毫克/升的福尔马林溶液浸泡杀死聚缩虫。

使用上述浓度治疗时，必须密切注意病蟹的活动情况，发现不适，立即换水或放入大池；如果适应，最好在18～24小时后再换水。

三、累枝虫和钟形虫病

1.病原病因 累枝虫和钟形虫都是营附生生活的纤毛虫。这些寄生虫的寄生是导致该病发生的元凶。

2.症状特征 一般幼蟹体表、鳃及附肢上附生少量这类纤毛虫时，没有明显危害，幼蟹蜕壳时，附生在蟹壳上的纤毛虫随着蜕壳被弃掉。但是当蟹体大量着生这类纤毛虫时，特别是鳃上寄生太多时，呼吸系统受到影响，蟹体行动迟钝，不摄取饲料，导致身体瘦弱，行动艰难。由于纤毛虫的着生严重影响呼吸，幼蟹不摄食也不活动，贴在培育池边或跳板边上，也有的长时间攀爬在水草尖端，蟹体日益消瘦，致使蟹体达不到蜕壳后的正常增长水平，或临近蜕壳时，由于蟹体消瘦，无力挣脱蟹壳而死。

3.流行特点 螺类、水草、水生昆虫及鱼类都是这类纤毛虫的栖息场所，因此，此种蟹病在河蟹养殖上发病较多，在仔幼蟹培育上也比较常见。

4.危害情况 病蟹身上固着许多黄绿或棕色的纤毛状物，行动非常迟钝，反应不敏锐。

5.预防措施

（1）清塘后要对池塘彻底消毒，杀灭寄生虫卵。

（2）改善饲料的适口性。

（3）蟹苗下塘时，可以用高锰酸钾快速消毒。

6.治疗方法

（1）用3毫克/升的硫酸锌溶液全池泼洒，效果很好，12小时后换水。

（2）用8毫克/升的高锰酸钾溶液全池泼洒，8~12小时后再换水。

（3）用50毫克/升的福尔马林溶液或30毫克/升的新洁尔灭溶液全池泼洒，18~24小时后换水。

四、水肿病

1.病原病因 幼蟹培育池换水量少且换水周期长，消毒不力，使池水过肥，水中含氧量及pH值降低，均可导致该病的发生。饲料中长期缺乏维生素也会发生上述疾病。

2.症状特征 病蟹的头胸甲与腹脐连接处肿胀，类似河蟹即将蜕壳，体内三角膜水肿，用手轻压其胸甲，有少量的水向外冒。病蟹精神不好，拒食，爬行动作迟缓，终因呼吸困难窒息而死，死亡前大多离群爬至浅滩处。

3.流行特点　水温长期在20℃左右时流行。

4.危害情况　严重时可造成幼蟹的死亡。

5.预防措施

（1）夏季应加高水位并保持清新的水质，尽可能降低养殖池的水温，以减少死亡率。

（2）多种些水草可减轻病症。

（3）在饲料里添加复合维生素及维生素C。

6.治疗方法

（1）发现水肿病时，连续换水2次。

（2）全池泼洒漂白粉2毫克/升。

（3）全池泼洒生石灰水20~25毫克/升。

（4）用土霉素、痢特灵拌饵投喂，每千克幼蟹用量为土霉素0.25克、痢特灵0.01克，连喂3天。

（5）用0.2%的氟哌酸拌饵投喂治疗，疗程为20天左右。

五、蜕壳不遂症

1.病原病因

（1）与幼蟹蜕壳的必需物质如钙质、甲壳素、蜕皮素等浓度小有关。

（2）细菌或病毒感染蟹的鳃、肝脏等器官，造成内脏病变。

（3）蟹的体内蜕皮激素分泌过少。

（4）河蟹受寄生虫感染亦可导致蜕壳困难。

（5）水质和底质污染。

2.症状特征　病蟹常潜伏在池塘四周浅水处或水草上，头胸甲后缘与腹部交界处出现裂口，头胸甲上有明显棕色斑块点，病蟹全身发黑，因无力蜕去旧壳，导致死亡。

3.流行特点　在干旱或离水时间较长环境生活的河蟹发生此病者较多。

4.危害情况　轻者造成蜕壳困难，影响生长，重者会导致河蟹死亡。

5.预防措施

（1）在幼蟹池中经常加注新水，投放少量的石灰，在投饵时添加含钙丰富的物质如钙片等。

（2）为了增加饵料中的甲壳素和蜕皮素，在饲料中添加含钙丰富的蛋壳粉、贝壳粉、骨粉、鱼粉等。

（3）用甲壳动物的新鲜尸体捣碎后投入蟹池，能收到良好的效果。

（4）池塘底质、水质恶化时，每亩每米水深全池泼洒池底改良活化素20千克+复合芽孢杆菌250毫升。

（5）根据河蟹的蜕壳特点及蜕壳周期设法调节好池水水质，每半月定期全池泼洒1次生物调水制剂来保持良好的水体环境。

（6）河蟹蜕壳期间严禁加、换水，保持水体环境的安静。

6.治疗方法

（1）经常加注新水，每30天全池泼洒20毫克/升石灰水，或全池泼洒过磷酸钙1～2毫克/升，同时在饲养中添加含钙丰富的蛋壳粉、贝壳粉、骨粉、鱼粉，几天后就可收到良好效果。

（2）内服虾蟹宝0.5%、鱼虾5号0.1%、营养素0.8%、鳃病速克0.5%、Vc脂0.2%、肝胆双保素0.2%、盐酸环丙沙星0.05%、诱食剂0.2%，连用3～5天。

（3）在河蟹养殖过程中用2‰～3‰河蟹蜕壳素拌饵连续投喂，促进河蟹蜕壳。

六、青苔

1.病原病因　主要由于水位浅、水质瘦、光照直射塘底而导致青苔大量滋生。

2.症状特征　青苔是一种丝状绿藻的总称，常见于仔幼蟹培育池中后期即Ⅳ～Ⅵ期。新萌发的青苔长成一缕缕绿色的细丝矗立在水中，衰老的青苔成一团团乱丝漂浮在水面上。青苔在池塘中生长速度很快，使池水急剧变瘦，对幼蟹活动和摄食都有不利影响；同时，培育池中青苔大量存在时，覆盖水表面，使底层幼蟹因缺氧窒息而死；青苔茂盛时，往往有许多幼蟹钻入里面而被缠住步足，不能活动而活活饿死。在生产实践中，若青苔较多，用捞海捞出时，可见里面有许多幼蟹被困死，即使有被缠住的幼蟹侥幸逃脱，也是缺胳膊少腿，使以后的正常活动与摄食受到严重影响（图8-1）。

图8-1　青苔对幼蟹的伤害非常大

3.流行特点　水温14～22℃最流行。

4.危害情况

（1）青苔大量繁殖，引起水质消瘦，使水草无法正常生长。

（2）青苔多会缠绕蟹种，尤其是正在蜕壳的河蟹，轻者会导致幼蟹断肢，严重者会导致幼蟹窒息死亡。

（3）青苔漂浮水面，遮盖阳光，水草的光合作用受阻，造成河蟹塘缺氧。

5.预防措施

（1）及时加深水位，同时及时追肥，调节好水色，降低光照直射塘底。

（2）定期追肥，使用生物高效肥水素，池塘保持一定的肥度，透明度保持在30～40厘米，以减弱青苔生长旺期必需的光照。

6.治疗方法

（1）每立方米水体用生石膏粉80克，分3次均匀泼洒全池，每次间隔3～4天。如果幼蟹培育池中已出现较多的青苔时，用药量再增加20克，施药后加注新水5～10厘米，可提高防治能力。

（2）用硫酸铜杀死青苔，但浓度必须很低，通常浓度在0.02～0.05毫克/升。当达到0.3毫克/升时，幼蟹在24小时内虽然未死，但活动加强，急躁不安；当浓度达到0.7毫克/升时，幼蟹在36小时内全部死亡。

（3）可分段用草木灰覆盖杀死青苔。

（4）在表面青苔密集的地方干撒漂白粉，每亩650克；晚上用颗粒氧。如果发现死亡青苔全部清除，然后每亩泼洒300克高锰酸钾。

七、鼠害

1.病原病因　在生产上，鼠害已成河蟹成蟹阶段的主要敌害生物。

2.症状特征　池塘养蟹面积小，河蟹密度大，腥味重，极易引来老鼠，造成鼠害。老鼠常在河蟹夜间活动期间出来寻食，对河蟹进行突然袭击，也有在河蟹刚蜕壳或蜕壳后数天内抵抗能力低时捕食。此外老鼠也可在穴居的洞中攻击河蟹。

3.流行特点　一年四季均发生。

4.危害情况　直接咬噬吞食河蟹，导致河蟹的死亡，造成严重后果。

5.预防措施　养蟹池中央的蟹岛应浸没水中，养蟹池防逃墙内外四周的杂草必须清除干净，以防止老鼠潜伏和栖居。

6.治疗方法

（1）用澳敌隆等鼠药放在池四周及防逃墙外侧定期灭鼠。

（2）平时巡塘时注意挖开鼠洞。

（3）在仔幼蟹培育池边及防逃墙外侧安放鼠笼、鼠夹、电猫等捕鼠工具捕杀。

（4）在出池前几天，昼夜值班，重点防好鼠患。

八、蛙害

1.病原病因　青蛙吞食幼蟹。

2.症状特征　青蛙对蟹苗和仔幼蟹危害很大。据报道，有人曾解剖一只体长3.5厘米的小青蛙，胃内竟有10只小幼蟹。最多的一只青蛙竟吞食幼蟹221只。

3.流行特点　在青蛙的活动旺期危害较重。

4.危害情况　导致幼蟹死亡，给养殖生产造成严重后果。

5.预防措施

（1）在放养蟹苗前，要彻底清除供水沟渠中的蛙卵和蝌蚪。

（2）培育池四周设置防蛙网，防止青蛙跳入池中。

6.治疗方法　如果青蛙已经入池，则需及时捕杀。

九、水蜈蚣

1.病原病因　水蜈蚣亦称水夹子，是龙虱的幼体，会对幼蟹造成伤害。

2.症状特征　对幼蟹苗和第Ⅰ期幼蟹危害极大，会直接吞食幼蟹。

3.流行特点　在4～8月流行。

4.危害情况　直接导致幼蟹死亡。

5.预防措施　在放养蟹苗前，将池底及四周彻底清洗消毒，过滤进水，杜绝水蜈蚣来源。

6.治疗方法　如果池中已发现水蜈蚣，可在夜间用灯光诱捕，用特制的小捞网捕杀。

十、仔幼蟹爬岸不下水

1.病原病因　河蟹上岸症的发病原因主要有以下几点。

（1）大眼幼体本身质量不好：人工繁殖时通过近亲交配繁殖及长期高温强化培育、出苗时淡化浓度不到位，导致其自身抗病能力减弱，再加上有些苗种本身带菌，一旦水质环境差，极易暴发河蟹上岸症。

（2）病害预防意识差：大眼幼体变态成Ⅰ～Ⅱ期之间，水温在16～22℃，正是聚缩虫等寄生虫繁殖的最佳温度，大量的聚缩虫寄生在幼蟹鳃部，导致幼蟹呼吸不畅，纷纷上岸死亡。

（3）水质环境恶劣：特别是水中pH值偏高或偏低，氨氮及亚硝酸盐含量都严重超标，水中有害细菌大量繁殖。

（4）投饵量过多：在高温影响下，饵料极易腐烂变质，破坏水质，影响河蟹栖息环境，导致幼蟹在Ⅱ期前后上岸不下水，严重者在大眼幼体就爬上岸。

（5）培育池中水温较高：一方面促使河蟹快速蜕壳，另一方面也促进病原细菌快速繁殖并侵入河蟹体内，造成幼蟹呼吸困难及体内不适应而上岸或在水中死亡。

上述这五种情况相互促进，造成幼蟹暴发上岸症。

2.症状特征　在培育仔幼蟹时，Ⅱ～Ⅴ期幼蟹沿培育池四周爬上岸不下水，随后出现大批死亡的现象。爬上来时总是先少后多，将上岸后的幼蟹放入水中仍见其爬上来，就是不入池。不入池的蟹会因鳃部失水而死亡，被强迫下水的蟹也会在水中窒息死亡。经镜检后未发现疾病。严重时，刚入池的大眼幼体也会发生这种情况，大眼幼体死后变成白色的尸体密密麻麻散布在池壁四周，人们形象地称之为"种白芝麻"。幼蟹爬上岸的时间主要发生在晚上至天亮，尤其是黎明前更多。幼蟹开始急躁不安，到处爬动，至凌晨4～5时最为严重，天亮太阳出来后，大部分幼蟹会自动爬进池内，但仍然聚集在水草上；久不入水的幼蟹会很快失水而死亡，死亡时身体干枯呈黄褐色。

3.流行特点

（1）此病最先在辽宁发现，后来在全国各地培育池中普遍发生。

（2）凌晨4时左右最严重。

4.危害情况 死亡率高达95%以上，给养殖户带来惨重的损失。

5.预防措施

（1）及时培育大眼幼体及幼蟹喜食的天然饵料，提高幼蟹体质。在购苗前5～7天，每亩用500千克牛粪或300千克人粪尿经腐熟后泼洒或堆放，也可亩施10千克尿素、5千克过磷酸钙。施用有机肥和无机肥的目的是培肥水质，培育大眼幼体及幼蟹喜食的天然活饵，减少人工投饵量。

（2）适度放养，加强养殖管理。幼蟹培育池通常采用土池，面积以150平方米为宜，放养蟹苗2～2.5千克。蟹苗池中要投放适量的浮萍、水花生等水生植物，它们不仅是河蟹栖息、隐藏、攀附、蜕壳场所，而且还可提供部分饵料，同时也起到澄清水质的作用。一般水草面积控制在池面积的30%～45%为宜。

（3）调控水质，保持较好的生存环境。蟹苗对水质要求比较高，为使幼蟹顺利生长，应保持水质清、新、肥、嫩、活、爽，透明度30～50厘米，pH值在7.5左右，溶氧保持在5毫克/升以上。掌握科学换水方法，前期水温低，换水次数少，一般3～5天换水1次，随水温上升换水次数相应增加。换水前最好有预热水，换水时间定在中午11时至下午2时为宜，换水量宜控制在水体的1/4～1/3，而且换水时的温差不得超过3℃。

蟹苗刚入池时，水位在40～50厘米。随着幼蟹的生长，水位宜适当增加，每期变态后水位增加5～10厘米。

（4）科学投饵，控制投饵量，防止破坏水质，减少人为污染。在大眼幼体变态成Ⅰ期幼蟹期间，蟹苗基本不摄食，而是沿池边狂游，此时宜控制投饵量，防止破坏水质，投饵量占蟹体重的2％～5％；其他各期投饵量维持在蟹体重的10％～15％；集中变态期间不投饵；投饵应遵循"全池泼洒均匀、少量多次"的原则；每天及时清除残饵，减少水质污染。

6.治疗方法

（1）如果是聚缩虫等寄生虫感染时，用浓度为0.25～0.4毫克/升的硫酸铜全池泼洒。

（2）立即处理池水，及时换冲预热水，同进加入光合细菌，改善水质，添加浓度为30毫克/升。

（3）使用蟹康5毫克/升全池泼洒，先加10倍水煮沸30分钟后，连药渣带水全池泼洒。

（4）在蟹苗入池的第2天可用5毫克/升的福尔马林溶液全池泼洒，8小时后换水。

（5）发病时，可用30毫克/升的福尔马林溶液全池泼洒，6小时后换水，投饵时加入0.5％的蟹康宁投喂。

第三节　幼蟹至成蟹阶段的病虫害防治

一、黑鳃病

1.病原病因　本病是由细菌引起的。成蟹养殖后期，水质恶化是诱发本病的主要原因。

2.症状特征　初期病蟹部分鳃丝变暗褐色，随着病情的发展，全部变为黑色。病蟹行动迟缓，呼吸困难，出现叹气状（图8-2）。

图8-2　黑鳃病

3.流行特点 主要流行季节为夏、秋季。

4.危害情况

（1）主要危害成蟹，常发生于成蟹养殖后期。

（2）发病率10%～20%，死亡率较高。

5.预防措施

（1）保持水质清洁，夏季要经常加注新水。

（2）发病季节每半月用芳草蟹平、芳草灭菌净水威或芳草灭菌净水液全池泼洒一次。

6.治疗方法 外用芳草蟹平全池泼洒，同时内服烂鳃灵散+三黄粉+芳草多维，连用3～5天。

二、烂鳃病

1.病原病因 本病由细菌感染引起，水质恶化、底质腐败、长期投喂劣质饵料是诱发本病的主要原因。

2.症状特征 发病初期河蟹鳃丝腐烂多黏液，部分呈暗灰色或黑色，病重时鳃丝全部变为黑色。病蟹行动迟缓，鳃已失去呼吸功能，导致死亡（图8-3）。

图8-3 烂鳃病

3.流行特点

（1）主要发生在高温季节。

（2）水质浑浊、透明度低的恶化池塘容易发病。

4.危害情况 轻者影响河蟹的生长，严重的直接导致河蟹死亡。

5.预防措施

（1）放养前，彻底清塘，清除塘底过多的淤泥。

（2）保持良好的养殖环境，可将生物肥水宝配合养水护水宝全池泼洒。

（3）夏季要经常加注新水，保持水质清新；若水源不足，可将降解底净和粒粒氧全池干撒。

6.治疗方法

（1）用肠鳃宁杀灭水体中的病原体，每天1次，连用2次。

（2）将病蟹置于2～3毫克/升的恩诺沙星粉溶液中浸洗2～3次，每次10～20分钟。

三、蟹奴

1.病原病因　本病是因蟹奴寄生于蟹体腹部引起，蟹奴体呈扁平圆形，乳白色或半透明。

2.症状特征　蟹奴幼虫钻进河蟹腹部刚毛的基部，生长出根状物，遍布蟹体外部，并蔓延到躯干及附肢的肌肉、神经和生殖器官，以吸收河蟹的体液作为营养物质，使河蟹生长缓慢。被蟹奴大量寄生的河蟹，其肉味恶臭，不能食用，被称为"臭虫蟹"。

3.流行特点

（1）在全国河蟹养殖区均有感染。

（2）从7月开始发病率逐月上升，9月达到高峰，10月后逐渐下降。

（3）如果将已经感染蟹奴的河蟹移至海水中饲养，蟹奴只形成内体和外体，不能繁殖幼体继续感染。

4.危害情况

（1）含盐量较高的咸淡水池塘中尤以在滩涂养殖的河蟹发病率特别高。

（2）在同一水体中，雌蟹的感染率大于雄蟹。

（3）一般不会引起河蟹大批死亡，但影响河蟹的生长，使河蟹失去生殖能力，严重感染的蟹肉有特殊味道，失去食用价值。

（4）蟹奴寄生时，河蟹的性腺遭到不同程度的破坏，雌雄难辨。

5.预防措施

（1）用漂白粉、敌百虫、福尔马林等在投放幼蟹前严格清塘，杀灭蟹奴幼虫。

（2）在蟹池中混养一定数量的鲤鱼，利用鲤鱼吞食蟹奴幼虫。

（3）有发病预兆的池塘，立即更换池水，加注新水。

6.治疗方法

（1）经常检查蟹体，把已感染蟹奴的病蟹单独取出，抑制蟹奴病的发展与扩散。

（2）用0.7毫克/升硫酸铜和硫酸亚铁（5∶2）合剂泼洒全池消毒。

（3）用10%的食盐水浸洗5分钟，可以杀死蟹奴。

（4）发病时用纤毛虫净或纤虫灭浸洗病蟹10～20分钟。

（5）将甲壳净或纤虫灭全池泼洒，杀灭寄生的蟹奴。

四、纤毛虫病

1.病原病因　病原是纤毛动物门、缘毛目、固着亚目的许多种类，其中对蟹形成病害的主要有聚缩虫，此外还有钟虫、单缩虫、累枝虫，腹管虫和间隙虫也是其病原之一。放养密度大，池水过肥，长期不换水，水质不清新，水中有机物含量过高及携带纤毛虫蟹种都是导致该病发生的原因。

2.症状特征　纤毛虫在河蟹幼体上寄生时，常分布在头胸部、腹部等处，抱卵蟹的卵粒上纤毛虫也可寄生。在体表可看见大量绒毛状物，手摸有滑腻感。幼体被寄生的病蟹全身被黄绿色或棕色，行动迟缓。蟹幼体正常活动受到影响，摄食量减少，呼吸受阻，蜕皮困难，引起幼体的大量死亡。成体病蟹鳃部、头胸部、腹部和4对步足附生大量纤毛虫，导致死亡。患病河蟹反应迟钝，常滞留在池边或水草上。

3.流行特点

（1）水温在18～20℃时极易发生流行。

（2）我国河蟹养殖区都有此病发现。

（3）危害河蟹幼体及成蟹，幼蟹尤易患此病。

4.危害情况

（1）对幼苗池的河蟹幼体危害较大，一旦纤毛虫随水流进入育苗池，即会很快在池中繁殖，造成幼体的大量死亡。

（2）病蟹一般在黎明前后死亡。

（3）成蟹受此病感染，即使不死亡，也会影响其商品价值。

（4）因其发病周期长，累积死亡量大。

5.预防措施

（1）保持合适的放养密度。

（2）经常更换新水或加注新水，也可使用降解底净或氧化净水宝，保持水质清洁，并投喂营养丰富的饲料，促进蜕壳。

（3）在蟹种入池前，用5%的食盐水浸洗河蟹5分钟。

6.治疗方法

（1）排出旧水，加注新水，每次更换1/3水量，每亩每次泼洒生石灰15千克，连续3次，使池水透明度在40厘米以上。

（2）用0.5%～1.25%福尔马林溶液浸洗病蟹1～2小时。

（3）用5～10毫克/升的福尔马林溶液全池泼洒1～2次。

（4）虾蟹平水深1米每亩500克，或芳草纤灭水深1米每亩50克，连用3天；3天后全池泼洒一次芳草菌敌水深1米每亩200克。

（5）内服虾蟹蜕壳平500～750克/100千克饲料，以促进蜕壳。

（6）在水温23～25℃时用5%的新洁尔灭原液稀释为0.67%的药液浸浴，30～40分钟可以杀死大部分幼体身上的纤毛虫。

（7）发病时用纤毛虫净、纤虫灭或甲壳净全池泼洒，杀灭寄生虫。

（8）疾病控制后，应泼洒菌毒清或颗粒型二溴海因（或颗粒型溴氯海因），以防伤口被细菌侵袭，造成二次感染。

五、水霉病

1.病原病因　属河蟹的霉菌病，是由水霉菌的侵入而发病，因运输或病害发生使蟹受伤，水霉孢子侵入造成。它的发生与水温低、水质不清新、蟹体受伤有关。

2.症状特征　河蟹受伤后，伤口周围生有霉状物，蟹卵表面或病蟹体表和附肢上，尤其是伤口上出现灰白色棉絮状病灶，伤口部位组织溃疡，病蟹行动迟缓，食欲减退，蟹体瘦弱，蜕壳困难而死亡。

3.流行特点

（1）从蟹卵、幼体到成蟹均会被感染。

（2）任何养蟹地区均可发生。

4.危害情况

（1）发病率较高，影响河蟹生长和存活。

（2）蟹卵与幼体发病易造成大量死亡。

5.预防措施

（1）在捕捞、运输、放养过程中应谨慎操作，勿使河蟹受伤。

（2）在河蟹蜕壳前，增投一些动物性饲料，促使其蜕壳。

（3）育苗期间，要保持水质的清洁，注意保温。

（4）在拉网、放苗或天气突变时将应激消药全池泼洒。

（5）放苗前，将蟹苗在高聚碘溶液中浸浴10～20分钟。

6.治疗方法

（1）用3%食盐溶液浸洗5～10分钟。

（2）全池泼洒水霉净，水深1米每亩1袋，连用3天。

（3）患病后，将水霉灵拌饵内服或用30～40℃温水浸泡1小时，全池泼洒。

六、水肿病

1.病原病因 本病是因河蟹腹部受伤被病原菌寄生而引起。

2.症状特征 病蟹肛门红肿，腹部、腹脐及背壳下方肿大呈透明状，病蟹匍匐池边，活动迟钝或不动，拒食，最终在池边浅水处死亡。

3.流行特点

（1）夏、秋季为其主要流行季节。

（2）主要流行温度是24～28℃。

4.危害情况

（1）主要危害幼蟹和成蟹。

（2）发病率虽不高，但受感染的蟹死亡率可达60%以上。

5.预防措施

（1）在养殖过程中，尤其是在河蟹蜕壳时，尽量减少对它们的惊扰，以免受伤。

（2）夏季经常向蟹池添加新水，投放生石灰（每亩每次用10千克），连续3次。

（3）多投喂鲜活饲料和新鲜植物性饵料。

（4）在拉网、天气突变时，可用应激消药提高其抗应激能力。

（5）经常添加新水，可将养水护水宝与双效利生素配合使用，改善水环境。

6.治疗方法

（1）用菌必清或芳草蟹平全池泼洒，同时内服鱼病康散或芳草菌灵。

（2）饲料中添加含钙丰富的物质（如麦粉、贝壳粉），增加动物性饲料的比例（可捣碎甲壳动物的新鲜尸体投入蟹池），一般3~5天后收到良好的效果。

（3）发病时全池泼洒海因宝或菌氮清，每天1次，连用2天。

七、颤抖病

颤抖病别名抖抖病。

1.病原病因　可能由病毒和细菌引起，不洁、较肥、污染较大的水质及河蟹种质混杂或近亲繁殖，放养密度过大，规格不整齐，河蟹营养摄取不均衡等，易发此病。

2.症状特征　在发病初期，病蟹食欲减弱，摄食减少或基本不摄食，行动缓慢，活动能力差，白天贴泥栖息或打洞穴居，晚上在水边慢慢爬行或挺立草头。病症严重的河蟹在晚上将步足腾空支撑整个身躯趴在岸边或挺立在水草头上直至黎明，甚至白天也不肯下水，口吐泡沫，对动静反应迟钝；步足无力，大部分河蟹步足爪尖呈红色，极易从底节处脱落，而且步足肌肉较软，弹性强，蟹农称之为"弹簧爪"。检查蟹体，可见蟹体基本洁净，身体枯黄，鳃丝颜色呈棕黄色，少部分伴随黑鳃、烂鳃等病灶。前肠一般有食，死蟹食量较小。大部分死蟹躯壳较硬，唯有前侧齿处呈粘连状、较软。在头胸甲与腹部连接处出现裂痕，无力蜕壳或蜕出部分蟹壳而死亡，少部分河蟹刚蜕壳后，甲壳尚未钙化时就死亡。一般并发纤毛虫、烂鳃、黑鳃、肠炎、肝坏死及腹水病（图8-4）。

图8-4　颤抖病造成的死蟹

3.流行特点

（1）该病流行季节长，通常在5~10月上旬发生，8~10月是发病高峰季节。

（2）流行水温为25～35℃。

（3）沿长江地区，特别是江苏、浙江等省流行严重。

4.危害情况

（1）对河蟹危害极大，发病较快，病蟹死亡率高，对药物敏感性高。

（2）主要危害2龄幼蟹和成蟹，当年养成的蟹一般发病率较低。

（3）发病蟹体重为3～120克，100克以上的蟹发病率最高。

（4）一般发病率可达30%以上，死亡率达80%～100%。

（5）从发病到死亡只需3～4天。

5.预防措施　应坚持预防为主、防重于治、防治结合的原则，做到以生态防病为主、药物治疗为辅。

（1）苗种预防，切断传染源。蟹农在购买苗种时，应选择健壮的蟹种进行养殖，提高蟹种的免疫力，既不要在病害重灾区购买大眼幼体、扣蟹，也不要在作坊式的小型生产厂家购苗；养殖户要尽量购买适合本地养殖的蟹种，最好自培自育1龄扣蟹，放养的蟹种应选择肢体健壮、活动能力强、不带病原体及寄生虫的蟹种；同一水体中最好一次性放足同一规格、同一来源的蟹种，杜绝多品种、多规格、多渠道的蟹种混养，以减少相互感染的概率；蟹种入池时要严格消毒，可用3%～5%的食盐水溶液消毒5分钟或浓度为15毫克/升的福尔马林溶液浸洗15分钟。

（2）将养蟹的池塘进行技术改造，使进排水实现两套渠道，互不混杂，确保水质清新无污染。每年成蟹捕捞结束后，清除淤泥，并用生石灰彻底清塘消毒，用量为100千克/亩，化水后趁热全池泼洒，以杀灭野杂鱼、细菌、病毒、寄生虫及其卵茧，并充分曝晒池底，促进池底的有机物矿化分解，改良池塘底质，也可提供钙离子，促进河蟹顺利蜕壳，快速生长。

（3）池塘需移植较多的水生植物如轮叶黑藻、苦草、菹草、水花生、水葫芦、紫背浮萍等，并采取措施防止水草老化、腐烂。

（4）积极推行生态养蟹措施，推广稻田养蟹、茭白养蟹、莲田养蟹、种草养蟹的技术，营造适应河蟹生长的生态因子，利用生物间相互作用预防蟹病。在精养池塘内推行鱼蟹混养、鱼蟹轮养、鱼虾蟹综合养殖技术，合理掌握放养密度，适当降低河蟹产量，以减轻池塘的生物负载力，减少河蟹自身对其生存环境的影响和破坏。适度套养滤食性鱼类如花白鲢和异育银鲫，以清除残饵，净化水质。

（5）在精养池中投放一定量的光合细菌，使其在池塘中充分生长并形成优势种群。光合细菌可以促进分解、矿化有机废物，降低水体中硫化氢、氨气等有害物质的浓度，澄清水质，保持水体清新鲜嫩；光合细菌还能有效促进有益微生物的生长发育，利用生物间的拮抗作用来抑制病原微生物的生长发育而达到预防蟹病的目的。

（6）饲料生产厂家在生产优质、高效、全价的配合饲料时，不但要合理营养配比，而且要科学组方营养元素，并根据河蟹不同生长阶段、各种水体的养殖模式、水域的环境而采取不同的微量元素添加方法，满足河蟹生长过程中对各种营养元素和各种微量元素的需求，确保在饲料上能起到增强体质、提高抗病免疫能力的作用。在投饲时要注意保证饲料新鲜适口，不投腐败变质饲料，并及时清除残饵，减少饲料溶失对水体的污染；合理投喂，正确掌握"四定"和"四看"的投饲技术，充分满足河蟹各生长阶段的营养需求，增强机体免疫力。

6.治疗方法

（1）定期用芳草蟹平或菌必清全池泼洒消毒。定期将活性蒜宝1%、保肝促长灵0.5%、多维1%混合拌料投喂，每天1～2次，连喂3～5天。

（2）外用芳草蟹平全池泼洒，连用3天，同时内服芳草菌威和三黄粉，连用5～7天。病症消失后再用一个疗程，以巩固疗效。

（3）用菌必清全池泼洒，隔天再用一次，同时内服芳草菌威和三黄粉，连用5～7天。病症消失后再用一个疗程，以巩固疗效。

（4）用高聚碘或海因宝杀灭水体中的病原体，每天1次，连用2次。

（5）将生物肥水宝配合养水护水宝全池泼洒。

（6）在饲料中添加三林合剂+维生素C钠粉+诱食灵，连用5～7

天；病蟹不吃食，可把三林合剂+维生素C化水全池泼洒。

八、步足溃疡病

别名烂肢病。

1.病原病因　河蟹由于在捕捞、运输、放养过程中受伤或生长过程中被敌害或同类致伤，感染病菌所致。

2.症状特征　步足出现橘红色或棕黑色斑块，表壳组织溃疡下凹，并向壳内组织发展形成洞穴状；严重时步足的指节和其他节烂掉，头胸部、背腹面出现棕红色小孔，鳃丝发黑，活动迟缓，摄食量减少甚至拒食，因无法蜕壳而死亡。

3.流行特点

（1）在河蟹的生长期间都能发生。

（2）蜕壳过程中受到敌害侵害时容易发生。

4.危害情况　轻者影响河蟹的活动，重者导致河蟹死亡。

5.预防措施

（1）运输、放养操作要轻，减少机械损伤，以免被细菌感染，放养前用5%的食盐水浸泡5~10分钟。

（2）做好清塘工作，用水体消毒净或菌氮清全池泼洒，做好预防工作。

6.治疗方法

（1）用1毫克/升的土霉素或呋喃西林全池泼洒。

（2）每千克饲料加3~6克土霉素和磺胺类药制成药饵投喂，7~10天为一个疗程。

（3）一旦发病，可用海因宝或灭菌特全池泼洒，杀灭水体中病原菌。

（4）拌饵内服恩诺沙星+应激消或水产高效维生素C，促进伤口愈合，增强体质，提高抗病、抗逆能力。

九、甲壳溃疡病

别名腐壳病、褐斑病、甲壳病、壳锈病。

1.病原病因　本病的病原是一群能分解几丁质的细菌如弧菌、假单胞菌、气单胞菌、螺菌、黄杆菌等。因机械损伤及营养不良和环境中存在某些重金属的化学物质造成河蟹上表皮破损，使分解几丁质能力的细菌侵入外表和内表皮而导致本病发生。

2.症状特征 病蟹步足尖端破损，成黑色溃疡并腐烂，然后步足各节及背、胸板出现白色斑点，斑点中部凹下，形成微红色并逐渐变成黑褐色的溃疡斑点，这种黑褐色斑点在腹部较为常见，溃疡处有时呈铁锈色或被火烧状。随着病情发展，溃疡斑点扩大，互相连接成形状不规则的大斑，中心部溃疡较深，甲壳被侵袭成洞，可见肌肉或皮膜，造成蜕壳未遂而导致河蟹死亡。

3.流行特点 发病率与死亡率一般随水温的升高而增加。

4.危害情况

（1）溃疡病蟹还可能被其他细菌或真菌感染。

（2）导致河蟹死亡。

5.预防措施

（1）夏季经常加注新水，保持水质清新，可将降解底净+粒粒氧全池泼洒，改善水环境。

（2）在河蟹的捕捞、运输与饲养过程中，操作要细心，防止河蟹受伤。

（3）生石灰清塘，在夏季用15~20毫克/升的生石灰全池泼洒，15天1次。

（4）饲料营养要全面，避免重金属离子污染水质。

（5）每月全池泼洒1次漂白粉，每亩每米水深用量为500克。

（6）彻底清塘，使池塘保持10~20厘米的软泥。

6.治疗方法

（1）发病池用2毫克/升漂白粉全池泼洒，同时在饲料中添加金霉素1~2克/千克饲料，连续3~5天为一个疗程。

（2）重病蟹要立即除掉，防止疾病蔓延。

（3）发病池塘全池泼洒含量为8%的二氧化氯，用量为每亩每米水深100~125克。

（4）内服虾蟹多维宝200克+板蓝根大黄散100克拌饲40千克，连喂7天。

（5）发病池用菌毒清Ⅱ全池泼洒，每天1次，连用2天，以防继发感染。

十、河蟹肠炎病

1.病原病因　河蟹摄食过多或摄入不新鲜的饲料或感染致病细菌而引起。

2.症状特征　病蟹刚开始时食欲旺盛，肠道特粗，隔几天后摄食减少或拒食，肠道发炎、发红且无粪便，有时肝、肾、鳃亦会发生病变，有时则表现出胃溃疡且口吐黄水。打开腹盖，轻压肛门，有时有黄色黏液流出。

3.流行特点

（1）所有的河蟹均可感染。

（2）在所有的养殖区域都有发病可能。

4.危害情况

（1）影响河蟹的摄食，从而影响河蟹的生长。

（2）导致河蟹的死亡。

5.预防措施

（1）投喂新鲜饵料，可将百菌消或病菌消等拌饵投喂，提高河蟹的抗病能力，减少发病率。

（2）要根据河蟹的习性来投喂，饵料要多样性、新鲜且易于消化，投饵要科学，要全池均匀投喂。

（3）将水体消毒净或海因宝或肠鳃宁全池泼洒，杀灭病原菌，改善养殖环境。

（4）在饲料中经常添加复合维生素（维生素C+维生素E+维生素K）、免疫多糖、葡萄糖等，增强河蟹的抗病能力。

（5）定期用生物制剂改良底质和水质，合理、灵活地开启增氧机，保持池水"肥、活、爽"。

6.治疗方法

（1）在饵料中拌服肠炎消或恩诺沙星，3~5天为一个疗程。

（2）在饲料中定期拌服适量大蒜素或复方恩诺沙星粉或中药菌毒杀星，5~7天为一个疗程。

（3）池塘底质、水质恶化时全池泼洒池底改良活化素每亩每米水深20千克+复合芽孢杆菌每亩每米水深250毫升。

（4）内服虾蟹宝0.5%、鱼虾5号0.1%、营养素0.8%、Vc脂0.2%、肝胆双保素0.2%、盐酸环丙沙星0.05%、诱食剂0.2%，连用3～5天。

（5）外用泼洒二溴海因0.2毫克/升或聚维酮碘每亩每米水深250毫升。

十一、肝脏坏死症

1.病原病因　本病因养殖池塘水瘦、饵料腐败、施肥过多、氨氮超标、亚硝酸盐超标、硫化氢超标及有害蓝藻类引起，加上嗜水气单胞菌、迟钝爱德华菌、弧菌侵染所致。

2.症状特征　病蟹甲壳有一点黑，不清爽，甲壳肝区、鳃区有微微黄色；腹脐颜色与健康蟹无异，腹脐基部有的呈黄色；肛门无粪便，腹脐部肠道有的有排泄物，有的没有。腹部内都有积水现象，积水多少根据病变由轻到重而逐渐增多，积水颜色也随着由浅向深色变化。肝脏有的呈灰白色如臭豆腐样，有的呈黄色如坏鸡蛋黄样，有的呈深黄色，分解成豆渣样。病蟹一般伴有烂鳃病。肝病中期，掀开背壳，见肝脏呈黄白色，鳃丝水肿呈灰黑色且有缺损。肝病后期，肝脏呈乳白色，鳃丝腐烂缺损（图8-5）。

图8-5　肝脏坏死病

3.流行特点

（1）各河蟹养殖区都有发病。

（2）高温季节更易发生。

4.危害情况

（1）肝脏病变一直是引起河蟹死亡的一个重要原因。

（2）即使河蟹不死亡，生长也很缓慢。

（3）对所有的蟹都有危害。

5.预防措施

（1）水质恶化或池底污泥偏多时，应将强力污水净+降解底净+粒粒氧配合使用，改善水质，改良池塘底质。

（2）合理投肥、培养水草、促进螺蛳生长和抑制青苔等有害藻类。

（3）多品种搭配新鲜饲料。

6.治疗方法

（1）在饲料中拌服十味肝胆清或肝康5～7天，杀灭体内致病菌，同时添加水产高效维生素C或电解维他，维护营养均衡，以改善内脏生理功能，促进内脏修复。

（2）池塘先用水体解毒剂每亩每米水深1.5千克，第二天用黑金素1千克，第三天用生物益水素500克；同时内服药饵，每千克饲料添加维生素C 10克、连根解毒散20克、生物糖原10克、大蒜素3克，连喂5～7天。

（3）在饲料中拌服复方恩诺沙星粉或中药三黄粉5～7天，杀灭体内致病细菌。

（4）在饲料中拌服蟹用多维5～7天，维护营养均衡，促进肝脏修复。

（5）在池塘中泼洒菌毒清或颗粒型溴氯海因（或颗粒型二溴海因）1次，杀灭水环境中的细菌。

十二、蜕壳不遂症

1.病原病因

（1）投喂的人工饵料中，饲料营养不均衡，长期缺乏钙磷等元素、甲壳素、蜕壳素等，造成河蟹生理性蜕壳障碍。

（2）蟹池长期不换水，残饵过多，水质浓，有机质含量高，纤毛虫及病菌大量滋生，河蟹受寄生虫感染，导致蜕壳困难。

（3）病菌侵染蟹的鳃、肝脏等器官，造成内脏病变，无力蜕壳而死亡。

（4）河蟹体内β-蜕皮激素分泌过少。

2.**症状特征**　病蟹行动迟钝，往往十足腾空，在蟹的头胸部、腹部出现裂痕，无力蜕壳或仅退出部分蟹壳，病蟹背甲上有明显的斑点，全身变成黑色，最终死亡。在池水四周或水草上常可发现患此病的蟹。

3.**流行特点**

（1）在河蟹的生长旺季容易发生。

（2）个体较大的成蟹及干旱或离水的蟹也易患此病。

4.**危害情况**

（1）可导致河蟹死亡。

（2）刚越冬后的扣蟹在第一次蜕壳时会大量死亡。

5.**预防措施**

（1）生长季节定期泼洒硬壳宝，增加水体钙、磷等元素，平时每15天使用1次。

（2）蜕壳期间严禁加水、换水，不用刺激性强的药物，保持环境稳定。

（3）改善营养，补充矿物质，饲料中添加适量蜕壳素及贝壳粉、骨粉、鱼粉等含矿物质较多的物质，增加动物性饲料的比例(占总投饲量的1/2以上)，促进营养均衡是防治此病的根本方法。

（4）定期泼洒15~20毫克/升的生石灰和1~2毫克/升的过磷酸钙，生石灰要兑水溶化后再泼洒。

（5）在养蟹池中栽植适量水草，便于河蟹攀缘和蜕壳时隐蔽。

（6）投饵区和蜕壳区要严格分开，严禁在蜕壳区投放饲料，以保持蜕壳区的安静。

6.**治疗方法**

（1）在河蟹蜕壳前2~3天全池泼洒硬壳宝，补充钙、磷等矿物质，同时在饲料中添加虾蟹蜕壳素，促进河蟹蜕壳同步，以免互相残杀。

（2）为了保持水中高溶氧，确保河蟹正常蜕壳，需使用颗粒氧。

（3）平时在饲料中添加河蟹复合营养促进剂及蜕壳素，促进营养均衡；疾病发生时在饲料中拌服三黄粉。

十三、软壳病

1.病原病因

（1）投饵不足或营养长期不足，河蟹长期处于饥饿状态。

（2）池塘水质老化，有机质过多，或放养密度过大，从而引起河蟹的软壳病。

（3）河蟹缺少钙及维生素，导致蜕壳后不能正常硬化。

（4）受纤毛虫寄生的河蟹有时亦可发生软壳病。

2.症状特征　病蟹的甲壳薄，明显柔软，不能硬化，与肌肉分离，易剥离，体色发暗，行动迟缓，不吃食。

3.流行特点　所有的河蟹都能被感染。

4.危害情况　河蟹的生长速度受到影响，体长明显小于同批正常蜕壳的河蟹。

5.预防措施

（1）适当加大换水量，改善养殖水质。

（2）供应足够的优质饲料，平时在饲料中添加足量的磷酸二氢钙。

（3）施用复合芽孢杆菌每亩每米水深250毫升，促进有益藻类的生长，并调节水体的酸碱度。

6.治疗方法

（1）发现软壳蟹，可捡起放在桶中暂养1～2小时，待其吸水涨足能自由爬行时再放入原池。

（2）全池泼洒硬壳宝1～2次，补充钙及其他矿物质的含量。

（3）在饲料中拌服蟹用多维，连服5～7天，以完善河蟹营养，促进钙的沉积。

（4）施用复合芽孢杆菌每亩每米水深250毫升，促进有益藻类的生长，并调节水体的酸碱度。

十四、上岸不下水症

1.病原病因

（1）由水质不良引起。在养殖过程中，剩余饵料、动植物尸体、死亡藻类、高密度蟹的生理排泄物等有机物质在水中不断积累，会产生大量的氨氮、亚硝酸盐、硫化氢等有害物质，抑制蟹的呼吸，从而引起蟹的不适，不愿下水（图8-6）。

图8-6　河蟹上岸不下水

（2）由营养不均衡，缺乏必需的维生素、微量元素引起。

（3）由细菌、病毒感染而引起，如杆菌类、弧菌类、假单胞菌类等病菌可引起。

2.症状特征　病蟹爬在岸边、水草或树根上，反应迟钝，行动缓慢，呼吸困难且摄食减少，螯足无力，体表与附肢有滑腻感，长时间不下水。

3.流行特点　在河蟹的生长周期都有发生。

4.危害情况　轻者影响河蟹的生长，重者导致河蟹死亡。

5.预防措施

（1）加强投饵管理，合理放养，保持良好的水质，经常适量换水或定期使用降解底净+粒粒氧、养水宝等改善调节水质。

（2）应投喂全价配合饲料，在日常管理中拌饵投喂电解维他或百菌消或水产高效维生素C等，补充蟹机体所必需的维生素、微量元素等营养物质。

（3）进水前测定进水口的水质指标，水质指标波动幅度太大一定要调整后再进水。

6.治疗方法

（1）发病时用海因宝或水体消毒净全池泼洒2次。

（2）如有少量寄生虫，先用甲壳净、纤毛虫净等全池泼洒，隔日再全池泼洒海因宝或水体消毒净，可明显减少该病发生。

十五、性早熟

1.病原病因

（1）种源遗传原因，育苗场为了追求利润，在购置亲蟹时为了节省成本，购买50～70克的小老蟹做亲本。

（2）池水过浅，水草少而导致生长积温过高，河蟹性腺提前发育。

（3）养殖过程中营养过剩，主要是前期动物蛋白饲料摄入过多，体内营养过剩。

（4）水质不良，表现在盐度偏高，水质过肥，有害因子超标等。

（5）育苗采用高温、高药、高密度，严重损害蟹苗健康，培育过程中有效积温增加，导致种质退化。

（6）生产中滥用促生长素和蜕壳素之类的药物。

（7）其他原因如河蟹生长期水温高、土壤和水中的盐分含量高、水质过肥、pH值高等均可导致性早熟。

2.症状特征 幼蟹尚未长大，性腺已趋成熟，不再生长，规格一般在10～40克，雄蟹蟹足绒毛变黑变粗，雌蟹腹脐长圆，边缘长出黑色刚毛，第2年不再蜕壳生长。如继续养殖会因蜕壳困难而大量死亡。商品价值极低，俗称"小绿蟹"。

3.流行特点 在河蟹的生长周期里都能流行。

4.危害情况 死亡率很高，可达100%。

5.预防措施

（1）进行种质改良，培育优良品种，在繁殖时要选用野生湖泊、水库中的天然雌雄蟹做亲本。

（2）池塘中栽种挺水植物和浮水植物，如芦苇、苦草及水花生，面积占整个池塘的1/3～1/2，有利于控制水温，保持水质清爽，以降低养殖积温。

（3）适当增加蟹苗放养密度，降低蜕壳速度，等蟹苗变成仔蟹时，再根据仔幼蟹的实际情况适当增减数量，调整密度。

（4）调整饵料结构：在培育扣蟹的整个喂养过程中，蟹种的饵料结构要坚持"两头精中间粗"的原则。

（5）降低池塘水温：蟹塘应尽量选在有丰富水资源的地方，便于在高温季节补充水，提高水深；每天上午9时至下午4时，不停地向塘中注水，使之形成微流水，利用流水降低水的温度；栽植水生植物遮阴，降低水温。适当加深养殖池的水位，以水深适当控制水温升高，蟹沟的水深要保持在70厘米以上，尽量使塘水的温度保持在20~24℃，以延长蟹种的生长期，降低性早熟蟹种的比例。

6.治疗方法

（1）在蟹种培育阶段，饲料投喂坚持以植物性饲料为主、动物性饲料为辅的原则，同时配合使用蜕壳素。

（2）使用光合细菌来改善水质。

十六、中毒

1.病原病因　池塘水质恶化，产生氨氮、硫化氢等大量有毒气体毒害幼蟹；清塘药物残渣，过高浓度用药，进水水源受农田农药或化肥、工业废水污染，重金属超标中毒；投喂被有毒物质污染的饵料；水体中生物（如湖靛、甲藻、小三毛金藻）所产生的生物性毒素及其代谢产物等都可引起河蟹中毒。

2.症状特征　河蟹活动失常，背甲后缘与腹部交接处胀裂出现假性蜕壳，鳃丝粘连呈水肿状，或河蟹的腹脐张开下垂，肢体僵硬，步足撑起或与头胸甲离异而死亡。死亡肢体僵硬、拱起，腹脐离开，胸板下垂，鳃及肝脏明显变色（图8-7）。

图8-7　中毒导致河蟹死亡

3.危害情况

（1）全国各地均有发生。

（2）死亡率较高。

4.预防措施

（1）在河蟹苗种放养前，彻底清除池塘中过多的淤泥，保留15~20厘米厚的塘泥。

（2）采取相应措施进行生物净化，消除养殖隐患。

（3）清塘消毒后，一定要等药物残留完全消失后才能放养河蟹苗种，最好使用生化药物进行解毒或降解毒性后进水。

（4）严格控制已受农药（化肥）或其他工业废水污染过的水进入池内。

（5）投喂营养全面、新鲜的饵料。

（6）池中栽植水花生、聚草、凤眼莲等有净化水质作用的水生植物，同时在进水沟渠也要种上有净化能力的水生植物。

5.治疗方法　一旦发现河蟹有中毒症状时，首先进行解毒，可用各地市售的解毒剂进行全池泼洒来解毒，然后再适当换水，同时拌料内服大蒜素和解毒药品，每天2次，连喂3天。

十七、常见敌害的防治

常见敌害主要有水蜈蚣、青蛙、老鼠、鸟类等，对蜕壳前后的河蟹有较大的危害。

具体的预防措施和疾病治疗与前文所述一致。

其中影响最大的就是鸟类和鼠类，几乎所有的鸟都会啄食刚刚蜕壳的软壳蟹，因此对它们的预防一定要用心。由于常见的对河蟹有危害的鸟类基本上都是国家保护动物，因此不能毒杀，也不能电捕和网捕，只能进行驱赶或恐吓（图8-8）。

图8-8　用稻草人恐吓鸟类

参考文献

［1］占家智，羊茜. 河蟹高效养殖技术［M］. 北京：化学工业出版社，2012.

［2］占家智，羊茜. 高效养蟹［M］. 北京：机械工业出版社，2015.

［3］占家智，羊茜. 施肥养鱼技术［M］. 北京：中国农业出版社，2002.

［4］占家智，羊茜. 水产活饵料培育新技术［M］. 北京：金盾出版社，2002.

［5］占家智，凌武海，羊茜. 鱼病诊治150问［M］. 北京：金盾出版社，2011.

［6］凌熙和. 淡水健康养殖技术手册［M］. 北京：中国农业出版社，2001.

［7］赵明森. 河蟹养殖新技术［M］. 南京：江苏科学技术出版社，1996.

［8］石文雷，陆茂英. 鱼虾蟹高效益饲料配方［M］. 北京：中国农业出版社，2007.